软装 设计实例 图解教程

赵利平 | 主编

人民邮电出版社

北 京

图书在版编目（CIP）数据

软装设计实例图解教程 / 赵利平主编. —— 北京：
人民邮电出版社，2017.6（2022.12重印）
ISBN 978-7-115-45155-2

Ⅰ. ①软… Ⅱ. ①赵… Ⅲ. ①室内装饰设计—教材
Ⅳ. ①TU238.2

中国版本图书馆CIP数据核字(2017)第067690号

内 容 提 要

　　本书从软装元素系统分类入手，深入解读家居软装的设计技巧。本书的主要内容包括软装的基本分类，13类软装元素的类别介绍及其搭配技巧和应用方法，九大潮流家居风格的完整介绍，六大空间软装搭配秘籍，以及针对五大主流人群的软装实例解析等。此外，本书的配套资料还包括相关视频，读者可通过扫码观看。

　　本书实用性强，有较高的参考价值，是广大业主、相关专业在校师生和设计师的案头必备。

◆ 主　　编　赵利平
　　责任编辑　刘　佳
　　责任印制　焦志炜

◆ 人民邮电出版社出版发行　　北京市丰台区成寿寺路 11 号
　　邮编　100164　电子邮件　315@ptpress.com.cn
　　网址　http://www.ptpress.com.cn
　　临西县阅读时光印刷有限公司印刷

◆ 开本：787×1092　1/16
　　印张：13　　　　　　　　　2017 年 6 月第 1 版
　　字数：324 千字　　　　　　2022 年 12 月河北第 5 次印刷

定价：65.00 元

读者服务热线：(010)81055256　印装质量热线：(010)81055316
反盗版热线：(010)81055315
广告经营许可证：京东市监广登字 20170147 号

前 言 Preface

　　在室内设计中，室内建筑设计可以称为"硬装设计"，而室内陈设艺术设计则被称为"软装设计"。"硬装"是建筑本身延续到室内的一种空间结构的规划设计，可以简单地理解为室内一切不能移动的装饰工程；而"软装"可以理解为室内一切陈设的、可以移动的装饰物品，包括家具、灯具、布艺织物、工艺品、装饰画等。可以说，室内环境的氛围和风格大部分是依靠软装来主导的，如果没有恰当的软装，空间的装饰效果会大打折扣，这也是为何人们越来越重视软装设计的原因。

　　本书将家居软装拆解为软装的基本分类、软装的种类细分、软装与家居风格、软装与家居空间、软装与居住人群五章，各章在类别介绍、软装搭配及布置技巧等方面都做了深入解析，全方位、有系统地进行了资料整理与分类，详细解答了读者对于软装布置的许多疑惑，使读者可以从整体上把握和策划居室软装，成功打造属于自己的理想软装。

　　参与本书编写的有赵利平、武宏达、杨柳、黄肖、董菲、李锋、杨茜、赵凡、刘向宇、王广洋、邓丽娜、邓毅丰、张娟、周岩、朱超、赵莉娟、潘振伟、杨志永、叶欣、叶萍等。

　　由于作者水平有限，疏漏之处在所难免，恳请广大读者批评指正。

编者

2017 年 1 月

目录 Contents

第一章
软装的基本分类

第二章
软装的种类细分

第一章
软装的基本分类

在家居空间里，每件家具和饰品都有自己的作用，

有的是作为功能性软装，有的则是修饰性软装，

当它们存在于一个特定的空间里时，

它们的尺寸大小和色彩材质就与环境发生了必然的联系，

成为整体的一个部分。

只有从整体上了解这些家具和饰品的类别、

功能和风格特征，才能更加得心应手地

做好软装搭配。

功能性软装 / 家居生活好伙伴

软装速查

①功能性软装是家庭中必不可少的。它不仅能满足日常生活的需求，同时也带有一定的装饰效果，是实用性与装饰性相结合的。

②常见的功能性软装包括家具、布艺、灯具、餐具等。

③家具有的是在室内空间的墙、地、吊顶确定后，或在装修过程中设计完成的，如书柜、衣橱、酒柜等，有的是选购的成品，布置在室内，作为整个室内空间环境功能的主要构成要素和体现者。

④布艺织物是室内装饰中常用的物品，能够柔化室内空间生硬的线条，赋予居室新的感觉和色彩，同时还能降低室内的噪声、减少回声，使人感到安静、舒心。

⑤灯具应讲究光的强弱、造型、色质、结构等总体形态效应，是构成家居空间效果的基础。造型各异的灯具，可以令家居环境呈现出不同的容貌，创造出与众不同的家居环境。

⑥不同造型的餐具能够体现出丰富的象征意义。只有把握好餐具形态的选择，才能使餐具在使用性能上更加合理，在情感人性化上更富亲和力，在饮食情趣上更具感染力。

① 家具

扫码看更多

　　家具是室内设计中的一个重要组成部分，是陈设中的主体。相对抽象的室内空间而言，家具陈设是具体生动的，形成了对室内空间的二次创造，起到了识别空间、塑造空间、优化空间的作用，进一步丰富了室内空间的内容，具象化了空间形式。一个好的室内空间应该是环境协调统一，家具与室内融为一体而不可分割的。

家具功能

坐卧家具

坐卧家具也叫支撑类家具，是最早产生的一类家具，也是使用最多、最广泛的一类家具。此类家具能够满足人们日常的坐卧需求，包括凳、椅、沙发、床等。

Design 设计要点

此类家具尺寸划分较细致，可以根据需求和空间面积具体选择合适的款式。

储藏家具

储藏家具用来放置衣物、被服、书籍、食品、器皿、用具或展示装饰品等的家具，包括衣柜、五斗柜、床头柜、书柜、文件柜、电视柜、装饰（间隔）柜、餐具柜等。

Design 设计要点

一般卧室需要定做整面墙的衣柜；书柜则根据藏书数量确定大小。

凭倚家具

凭倚家具供人们倚凭、伏案工作，同时也兼有收纳物品功能的家具，包括两类：一是台桌类，有写字台、餐桌、梳妆台、计算机桌等；二是几架类，有茶几、条几、花几（架）、炕几等。

Design 设计要点

台桌类家具占空间较多，适用于大空间；几架类家具占据面积小，适合放在公共空间各区域中。

陈列家具

陈列家具的主要作用是展示居住者收集的一些工艺品、收藏品或书籍，包括博古架、书架、展示架等。同时，陈列家具也可以设计得别致一些，在收纳工艺品的同时起到装饰墙面的作用。

Design
设计要点

此类家具很适合有收藏爱好的居住者，但它不属于家庭必备的类型。

装饰性家具

装饰性家具除了具有家具的正常功能外，还具有很强的装饰性，表面通常带有贴面、涂饰、烙花、镶嵌、雕刻、描金等装饰性元素，可以作为一种装饰品和艺术品对家居环境进行装点。

Design
设计要点

此类家具适合比较宽敞的空间，能够增添华丽感和品位感。

家具风格

简约家具

简约风格的家具造型简约，线条利落、流畅，色彩对比强烈，大量使用钢化玻璃、不锈钢等新型材料作为辅料。此类家具的特点是简约、实用、美观、有质感、有内涵。

北欧家具

北欧家具的外形简洁，有力度感，色泽自然，崇尚自然原味，最常用的材料是木材，皮革、棉麻、藤等天然材料。此类家具强调结构与舒适性的结合，讲求满足人体工程学的设计理念。

现代家具

现代家具多以冷色或有个性的色彩为主；材料多使用金属、玻璃、塑料等，来表现现代时尚家居氛围；造型多有设计感和前卫性，如一体成型式的曲线家具等。

欧式家具

欧式家具可以分为欧式古典家具和新古典家具。古典家具外观华丽，用料考究，工艺细致，具有厚重的历史感，多见金色、银色描边或雕刻花纹。新古典家具多是在古典家具的款式中融合了现代元素。

美式家具

美式家具以享受为最高原则，面料、皮质上强调舒适性；材质多以白橡木、胡桃木或樱桃木为主，线条简单，保留有木材的原始纹理和质感；色彩多以自然色调，土褐色、绛红色等最多见。

东南亚家具

东南亚家具通常没有装饰性的线条，多为简单、简洁的设计，色泽也以原藤、原木的原色色调为主，或多为褐色等深色系，在视觉上有泥土的质朴感。

地中海家具

地中海风格家具是自然风格中的一种，其家具设计倡导回归自然，家具线条圆润、自然；色彩设计纯美，具有代表性的是蓝色组合、蓝黄绿组合和大地色组合；选材自然、没有繁复的雕花。

日式家具

日式家具的品种较少，但非常有特色，主要以清新自然为主基调，给人一种舒服的感觉；线条简洁，工艺精致；多直接取材于自然，不推崇豪华奢侈，重视实用性。

法式家具

法式家具包括洛可可式和巴洛克式两种风格，设计繁复，常见各种复杂装饰雕刻，如花、叶、动物等；多见曲线造型；大部分都带有金箔装饰，椅子座面和靠背常有软垫设计，以增加舒适感。

新中式家具

新中式家具，吸取了传统家具的形、神特征，去掉了传统家具的弊端和多余的雕刻，糅合了现代西式家具的舒适；多以深色为主，例如，以黑白灰为主或者在黑白灰基础上加上皇家的蓝、红、黄等色彩。

② 布艺织物

布艺织物是室内装饰中常用的物品，它能够柔化室内空间生硬的线条，赋予居室新的色彩感觉，同时还能降低室内的噪声，减少回声，使人感到安静、舒心。室内常用的布艺织物包括窗帘、床上用品、家具套、地毯、枕垫五种常用类别。

布艺织物功能

窗帘

窗帘具有保护隐私、调节光线和室内保温的功能；另外厚重、绒类布料的窗帘还可以吸收噪声，在一定程度上起到遮尘防噪的效果。窗帘由帘体、辅料、配件三大部分组成。

Design 设计要点

选择一款适合的窗帘，既布置了一道窗边风景，又能为空间增添一份别样风情。

床上用品

床上用品是卧室中非常重要的软装元素，能够体现居住者的身份、爱好和品位。根据季节更换不同颜色和花纹的床上用品，可以很快地改变居室的整体氛围。

Design 设计要点

床上用品除满足美观的要求外，更需注重舒适度。

家具套

家具套多用在布艺家具上，特别是布艺沙发，主要作用是保护家具并增加装饰性。家具套多为棉、麻质地，色彩款式多样，适合各种风格的家具。

Design 设计要点

居室中的家具套，可以根据季节或者节日而更换合适的款式。

地毯

地毯（地毡）是一种纺织物，铺放于地上。作为家居软装设施，地毯有美化家居、改善脚感、保温等功能。尤其家中有幼童或长者的，可以避免在摔倒时受伤。

Design 设计要点

地毯容易滋生螨虫，所以清洁十分重要。建议在沙发区、卧室等小面积铺设。

枕、垫类

靠枕、枕头和床垫是卧室中必不可少的软装饰，此类软装饰使用方便、灵活，可随时更换图案。特别是靠枕，用途广泛，可用在沙发、床、地毯上或者直接用来作为坐垫使用。

Design 设计要点

想要保持新鲜感，有时只要更换或增加两个靠枕就可以实现。

布艺织物风格

简约布艺织物

简约布艺织物通常做工精细，在装饰上没有厚重、压抑的感觉，给人轻盈、干净的感觉。而且以没有复杂花纹的素色棉麻材质为主。

现代布艺织物

现代布艺织物的颜色或为极端素雅的纯色，或为各种底色带有抽象图案的大花。它的材质丰富，不仅仅限于棉、麻、羊毛和丝绸，各种混纺材料甚至带有亮片的材料都会用到。现代布艺织物形状简洁、时尚，富有质感。

中式布艺织物

中式布艺织物图案讲究对称、方圆，使用凸显浓郁中国风的图案，色彩或素雅或华贵而大气。中式家居的布艺织物式样都不会太夸张，讲求设计的精致性，而且有种平稳的感觉。

欧式布艺织物

欧式布艺织物（特别是窗帘），多造型华美，材质多厚重，颜色跳跃，以体现居室中的高贵气氛。除了满足视觉、质感要求外，欧式布艺织物还注重手感，体现一种品质感。

美式布艺织物

布艺织物是美式风格中非常重要的装饰元素，本色的棉麻、羊毛、草编是布艺织物的主流选择，能够让天然感与美式乡村风格获得协调的感觉。美式布艺织物图案以各种繁杂的花卉植物，靓丽的异域风情和鲜活的鸟、虫、鱼等为主。

东南亚布艺织物

在东南业家居中，布艺织物色彩通常以芥末黄、橙色、绚丽紫、苹果绿居多，艳丽的色彩具有浓烈的热带风情，无论多么艳丽的布艺织物都不用担心太过浓艳。

田园布艺织物

田园布艺织物的设计理念大多取自自然元素，其中最有代表性的是花朵和格子图案，细碎的花朵、点缀的大花、纯色的格子等图案都很常见，但没有太饱满、浓烈的色彩，多为自然的清新颜色。

地中海布艺织物

地中海风格的家居空间中，窗帘、桌布、沙发套、地毯等布艺织物多使用低彩度的棉麻织物，图案以格子、条纹或者小碎花为主，给人淳朴又轻松的感觉；色彩多使用蓝白色、蓝紫色、乳黄色及红褐色。

③ 灯具

扫码看更多

灯具在家居空间中不仅具有装饰作用，而且兼具照明的实用功能。灯具应讲究光线、造型、色质、结构等总体形态效果，是构成家居空间效果的基础。选择灯具时，首先应与房间的色彩相协调。色彩包括灯具的色彩和灯光的色彩，而后结合居住者的艺术品位和经济条件选择具体的款式。

灯具功能

吊灯

　　吊灯适合用在客厅。吊灯的种类很多，常用的有欧式烛台吊灯、中式吊灯、水晶吊灯、羊皮纸灯、时尚吊灯等。吊灯还可分为单头吊灯和多头吊灯，根据造型的不同适合不同的家居空间。

Design
设计要点

吊灯的安装高度有要求，底沿距离地面不能低于 2.2m。

吸顶灯

　　吸顶灯适合用在客厅、卧室、卫浴间、阳台等空间中，可以直接安装在天花板上，安装简单，重量轻，款式大方，能够为居室增加明快、清朗的感觉，常见造型有方罩、圆球形、垂帘式等。

Design
设计要点

吸顶灯不太适合安装在厨房中，不利于烹饪操作。厨房适合嵌入式的筒灯、射灯等灯具。

台灯

　　台灯属于局部照明灯具，光线集中，便于工作或阅读。台灯按材质可分为陶灯、木灯、铁艺灯、铜灯等；按功能可分为护眼台灯、装饰台灯等；按光源又可分为灯泡、插拔灯管、灯珠台灯等。

Design
设计要点

一般客厅、卧室等用装饰台灯，工作台、学习台用节能护眼台灯。

落地灯

落地灯作为局部照明灯具,强调移动的便利性,对于角落气氛的营造十分实用。光线直接向下投射时,适合阅读等需要精神集中的活动,向上照射时,可以调整整体照明的光线变化。

Design
设计要点

落地灯灯罩材质种类丰富,可根据喜好选择,灯罩下沿应离地面 1.8m 以上。

射灯

射灯的光线直接照射在饰品上,可以突出主观审美作用,达到重点突出、层次丰富的艺术效果。射灯光线柔和,既可对整体照明起主导作用,又可用于局部采光、烘托气氛。

Design
设计要点

射灯可安置在吊顶四周或家具上部,也可置于墙内、墙裙或踢脚线里。

筒灯

筒灯是嵌装于天花板内部的隐置性灯具,所有光线都向下投射,属于直接配光,可以用不同的反射器、镜片来取得不同的光线效果。装设多盏筒灯,可增加空间的柔和气氛。

Design
设计要点

筒灯一般装设在卧室、客厅、卫生间的周边天棚上。

壁灯

壁灯是安装在墙上的灯具，最常用于客厅、卧室、过道或卫浴间等家居空间。常用的壁灯有双头玉兰壁灯、双头橄榄壁灯、双头鼓形壁灯、双头花边杯壁灯、玉柱壁灯、镜前壁灯等。

Design
设计要点

壁灯安装时需要注意安装高度，灯泡距离地面应不低于 1.8m。

灯具风格

简约灯具

简约风格灯具以简洁的造型、纯洁的质地、精细的工艺为特征。灯具造型线条简单，设计独特甚至是极富创意和个性的灯具，都可以成为现代简约风格灯具中的一员。

现代灯具

另类、追求时尚是现代灯具的最大特点。现代灯具一般采用具有金属质感的铝材和具有另类气息的玻璃等，在外观和造型上以另类的表现手法为主，色调上以白色、金属色居多。

欧式灯具

欧式风格灯具多采用曲线造型，经常将灯具处理出铁锈、涂上黑漆等，塑造出斑驳的效果。欧式灯具材质多以树脂和铁艺为主，其中树脂灯造型多，常贴以金箔、银箔；铁艺灯造型相对简单但更有质感。

美式灯具

美式灯具与欧式灯具有一些共同点，依然注重古典情怀，只是在风格和造型上相对简约，外观简洁大方，更注重休闲和舒适感。美式灯具材料的使用与欧式灯具一样，多以树脂和铁艺为主。

地中海灯具

地中海风格灯具，通常会在灯罩上运用多种色彩或呈现多种造型；色彩搭配自然清新，多以白色或蓝色为主色；材质则多为铁艺组合玻璃或者树脂。

中式灯具

中式灯具的材料主要以木材为主，搭配纸罩或者羊皮罩；图案采用较多中式古典元素，如龙、凤、龟等；做工比较精细，灯光柔和，给人温馨、宁静的感觉；造型多为圆形、方形；可分为纯中式和现代中式两种风格。

④ 餐具

餐具是餐厅中重要的软装部分，精美的餐具能够让人感到赏心悦目，增进食欲，讲究的餐具搭配更能够从细节上体现居住者的高雅品位。不同颜色及图案的餐具搭配，能够体现出不同的饮食意境。

餐具造型

几何形态

几何形态是指餐具的造型采用规则的几何形状，如圆形、方形、多边形等。此类餐具有简洁大方、便于使用的特征，适用范围广泛，简约、质朴而不乏时尚。

Design 设计要点

每一套几何形态为主的餐具，为了满足不同的使用功能，通常都是用几种造型组合而成的。

仿生形态

仿生形态是指餐具的造型采用仿生的形态，如蝴蝶形、花瓣形、贝壳形等。仿生形态设计是对自然规律的一种提炼。形态各异、造型别致的仿生形态餐具，更具人情味儿。

Design 设计要点

仿生形态的餐具能够彰显个性和品位，为饮食氛围增添温馨感。

餐具风格

中式风格

市面上常见的中式风格餐具的材质有不锈钢、玻璃、木质和瓷质几种，但是常用的中式餐具均为瓷质。中式风格的餐具具有古典、雅致的韵味，多带有中式古典花纹或者各种水墨图案。

欧式风格

欧式风格的餐具可以分为瓷器、玻璃器皿和钢铁类餐具三大类，通常带有繁缛精细的欧洲古典装饰纹样，配以高雅的灰色调或奢华的金银色，能够给人以优雅高贵的视觉感受。

田园风格

田园风格的餐具色彩清新淡雅、娇嫩恬静，图案多为洋溢着自然风情的植物或花草纹样，能够给人以温馨、舒畅的感觉。用此种风格的餐具用餐，具有野餐一般的悠闲感。

民族风格

民族风格的餐具具有典型地域特征的图案和色彩语言，是对一种文化传统、一种民族精神的延伸。民族风格餐具中具有代表性的有日式餐具、韩式餐具、非洲风格餐具等。

修饰性软装 扮靓空间好帮手

软装速查

①修饰性软装不仅可以烘托环境气氛，还可以强化室内空间特点，增添审美情趣，实现室内环境整体的和谐统一。

②常见的修饰性软装包括装饰画、工艺品、装饰花艺、绿色植物等。

③装饰画属于一种装饰艺术，能够给人带来视觉美感、愉悦心灵。同时，装饰画也是墙面的点睛之笔，即使是白色的墙面，搭配儿幅装饰画就可以变得生动起米。

④工艺品来源于生活，又创造了高于生活的价值。在家居中运用工艺品进行装饰时不宜过多、过滥，只有摆放得当、恰到好处，才能取得良好的装饰效果。

⑤装饰花艺是指将剪切下来的植物的枝、叶、花、果作为素材，经过一定的技术和艺术加工（修剪、整枝、弯曲等），重新配置成一件精致完美、富有诗情画意，能再现大自然美和生活美的花卉艺术品。

⑥家居植物据不完全统计可达400多种。这些植物有的具有纯粹的观赏作用，有的具有环保效益，还有的可以杀菌、抗辐射。应该根据它们功能和习性的不同，决定它们的摆放位置。

① 装饰画

装饰画属于一种装饰艺术，能够给人带来视觉美感，愉悦心灵。装饰画是墙面装饰的点睛之笔，即使是白色的墙面，搭配几幅装饰画也可以变得生动起来。装饰画没有好坏之分，只有适合不适合的区分，所以它的搭配和选择可以说是一门学问。

装饰画风格

中式古典风格

中式古典风格的装饰画画风端庄典雅，色彩古朴庄重、古色古香，多以中国古典名人、山水风景、梅兰竹菊、花鸟鱼虫等为主题，具有典型的中式神韵。

新中式风格

新中式风格的装饰画，是古典含蓄美与现代实用理念的结合，题材比较广泛，能够体现和谐、含蓄、个性的元素均可使用，还可以有马赛克、抽象主义、人物、摄影等现代装饰元素。

欧式风格

欧式风格装饰画的特点是精致、复古，既追求深沉又显露尊贵、典雅。画框线条烦琐，且有雕花金边。其类型不限于油画，还可选择欧式建筑照片或马赛克玻璃画等。

现代简约风格

现代简约风格的装饰画中，线条多简洁、抽象，内容含义并不一定要清楚，从画面感选择即可。画面越简单越符合简约的特征，例如：红色和绿色，黄色和紫色的色彩对比。

后现代风格

　　后现代风格装饰画内容多为一些后现代抽象题材或者具象题材，但个性十足的类型。除了抽象画，还可采用格子、几何图形、字母组合为主要内容的装饰画。总而言之，一切给人以个性、前卫感的画均属于此类。

美式风格

　　美式风格装饰画具有明显的美国特征，可以是乡村风景主题、美式人物或建筑的油画，也可以是美式经典建筑的照片。

田园风格

　　田园风格装饰画表现的主题是贴近自然，展现朴实生活的气息，特点是自然、舒适、温婉内敛。其题材以自然风景、植物花草等自然事物为主，色彩多平和、舒适，即使是对比色也会经过调和降低刺激感。

卡通风格

　　卡通风格的装饰画就是以卡通为主题的装饰画类型。此类风格的装饰画颜色饱满，色彩数量通常比较多，能够给人活泼、童真的感觉；题材多为卡通人物、动物、风景等。

② 工艺品

工艺品有其独特的艺术表现形式，不仅可以烘托环境气氛，还可以强化室内风格特点，增加审美情趣，实现室内环境整体的和谐统一。在家居设计中，工艺品作为重要的表现手法之一，能够使生活环境变得更加富有魅力，越来越受到人们的欢迎。

工艺品风格

简约风格

简约风格的工艺品，造型不需要太复杂，但要求具有神韵。工艺品的线条尽量简洁、利落，多为黑白灰或高纯度彩色；材质可选择玻璃、金属或者陶瓷。

现代风格

现代风格家居的显著特点是，要在装饰与布置中最大限度地体现空间与软装饰的整体协调。因此，现代风格的工艺品造型多采用几何结构，材料为金属、玻璃、石材、柔和的木料（如橡木）等。

后现代风格

后现代风格的工艺品与其风格特征相呼应，多带有夸张的立体结构式造型，所使用的材料质感很强，如彩色玻璃、黑色或银色金属、黑色或石膏质感的陶瓷等。

欧式风格

由于历史渊源，欧式风格的工艺品常常带有贵族气息，非常华丽，虽然有很多不同的类型，但总而言之，优雅和华美是此类工艺品的特色。

美式风格

美式家居风格非常注重生活的自然舒适性，能够充分显现出朴实风味。其工艺品类型与美式风格特点相符，材质上以木质、藤、铁艺、做旧铜等材料为主，颜色则以厚重、古朴的色彩为主。

东南亚风格

东南亚风格的工艺品看上去非常古朴，却散发着低调的妩媚感。具有清凉感的藤编、厚重的印尼木雕以及古旧的铜工艺品、泰式锡器等，都非常适合用在东南亚风格的家居中。

日式风格

日式风格的工艺品包括日本军刀、具有收藏价值的面具、陶瓷材料的招财猫等。除此之外，形式简洁的自然材料制成的工艺品也比较常用。

地中海风格

地中海风格的家居具有海洋般的美感，所使用的工艺品应与风格特征相符，选择陶瓷、铁艺、贝壳、编织或木质等能够加强纯朴韵味的材料种类。

法式风格

法式风格的工艺品具有明显的法国特征，可以分为华丽和朴素两个派别。华丽派多采用陶瓷描金或做旧金属，朴素派则多使用素色陶瓷和铁艺材质。

中式风格

梅、兰、竹、菊的挂画、传统的屏风、茶具、青花瓷瓶甚至文房四宝和古典式家具，都能够作为工艺品起装饰性的作用。同时，木质和陶瓷材料制成的工艺品更容易与中式风格取得协调的效果。

③ 装饰花艺

扫码看更多

装饰花艺包含了雕塑、绘画等造型艺术的所有基本特征，是一门不折不扣的装点生活的综合性艺术。最重要的是，装饰花艺讲究花卉与周围环境气氛的协调融合，居家花艺设计已逐渐发展成为一种常见的、受人们喜爱的软装饰元素。

花艺类别

鲜花花艺

最常使用的花艺材料——新鲜的花卉具有蓬勃的生命力，代表着一种自然美。由于它有很强的时令性，因此可以通过花艺让人感受到大自然的时序变化。

Design
设计要点

鲜花装饰效果最佳，但时效短，需要经常更换花材，能够保持新鲜感。

干花花艺

干花是一种经过多道特殊工艺处理的植物，制作原料主要是草花和野生资源十分丰富的植物，造型美观。经过漂白后的干花可以重新染色，色彩可选择性较丰富。

Design
设计要点

干花的装饰效果介于鲜花和人造花之间，装饰性比较强，花材之间具有变化。

人造材料

　　人造花按原料分主要有塑料制品、丝绸制品、涤纶制品。后两者做工精美，能够以假乱真。一个品种的人造花，花朵大小差不多，在插花时可以处理一下，形成大小有差别的效果。

设计要点
Design

人造花种类多，但造型比较呆板、统一，而且需要经常清洁。

花艺风格

中国插花

　　中国插花在风格上，强调自然的抒情、优美朴实的表现、淡雅明秀的色彩、简洁的造型。在中国花艺设计中把最长的那枝称作"使枝"。以"使枝"为参照，基本的花型可分为直立型、倾斜型、平出型、平铺型和倒挂型。

日本插花

　　日本插花以花材用量少、选材简洁为主流，它或以花的盛开、含苞、待放代表事物过去、现在、将来。日本插花主要分三大流派。草月流插花是日本近代新兴的插花流派，注重造型艺术，具有独创精神，是日本新潮流的代表。

西方插花

　　西方的花艺设计，总体而言较为注重花材外形，追求块面和群体的艺术魅力，色彩艳丽浓厚，花材种类多、用量大，追求繁盛的视觉效果，布置形式多为几何形式，一般以草本花卉为主。

④ 绿色植物

在家居中摆放一些绿色植物，不仅能够美化家居环境，使人感到亲切自然，而且具有一定的功用，如净化空气、驱蚊、吸收甲醛等。绿色植物的种类可以结合居室风格以及功能需求选择，摆放位置则可以根据居室的面积具体选择。

植物功能

吸毒净化空气型

一些绿色植物可以有效地吸收因房屋装修而产生的有毒的化学物质，比如吊兰、一叶兰、龟背竹吸收甲醛的能力强；而金鱼草、牵牛花、石竹能将毒性很强的二氧化硫转化为无毒或低毒性气体；铁树、菊花、石榴、山茶等则能有效地减少二氧化硫、氯、一氧化碳等有害物质。

Design
设计要点

此类植物适合刚刚装修完，或者有需要去除甲醛的居室。

增加湿度防上火型

　　一般来说，室内的相对湿度不应低于30%，湿度过低或过高都会对人体健康产生不良影响。在室内种植一些对水分有高度要求的绿植，比如绿萝、常春藤、杜鹃、蕨类植物等，会使室内的湿度以自然的方式增加，成为天然的加湿器。

Design 设计要点

此类植物适合放在居室中来调节湿度，尤其是北方秋冬季节。

天然吸尘型

　　有研究显示，花叶芋、平安树、仙人掌、虎皮兰等是天然的除尘器，它们植株上的纤毛能截取并吸附空气中飘浮的微粒及烟尘。如果房间内有足够数量的此类植物，那么房间中的飘游微生物和浮尘的含量都会降低。

Design 设计要点

此类植物适合放在靠近马路的居室中，可有效吸附室内灰尘。

杀菌消毒保健康型

　　紫薇、茉莉、柠檬等植物的花和叶片，可以杀死白喉菌和痢疾菌等原生菌。蔷薇、石竹、铃兰、紫罗兰等植物散发的香味对结核菌、肺炎球菌、葡萄球菌的生长繁殖具有明显的抑制作用。

Design 设计要点

此类植物不仅适用于装修后的新房，日常生活中也非常适用，能够提高空气质量。

制造氧气和负离子型

　　大部分植物在白天都会通过光合作用释放氧气，尤其要指出的是仙人掌类多肉植物，其肉质茎上的气孔白天关闭、夜间打开，所以在白天释放二氧化碳，夜间则吸收二氧化碳而释放出氧气。这种植物可以养在卧室里，令空气更清新。

Design 设计要点

此类植物适合摆在电视或计算机附近，不仅可以令空气清新，还可以吸收辐射。

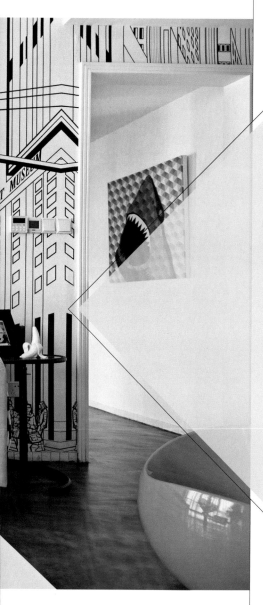

第二章
软装的种类细分

你也许无法用特定的词来描述自己喜欢的家居，

你或许只会说"我想让家住起来舒适一些"，

或者居家充满度假的气息。

这样的想法并非难以实现，

只要找准了家具及配饰的种类和搭配技巧，

哪怕是随性地将它们进行组合，

也可以令居室达到焕然一新的视觉效果。

沙发&茶几 家庭交流沟通的枢纽

扫码看更多

软装速查

①在客厅的家具布置中，沙发与茶几可谓最抢眼、占地面积最大、最影响居室风格的家具。因此，在选择时首先要确定沙发的大小、款式和颜色，然后再配置与沙发颜色相反又能互补的茶几样式。

②常见的沙发类别包括传统沙发、现代沙发、简约沙发、布艺无脚沙发、皮沙发等。

③由于沙发的种类很多、款式不一，往往令人眼花缭乱。因此在搭配时，应注意居室的整体环境。最简捷的方式是选择色彩简洁的经典款，再结合居室风格搭配一些相宜的抱枕，就能轻易变换居室的风格。茶几要以和谐为主，与沙发、周围的家具协调一致；也可以选择带有抽屉的茶几，以增加收纳功能。

④沙发与茶几的面积占客厅空间的约 25% 最为合适。沙发与茶几的大小、形态取决于户型的大小和客厅的面积，不同的客厅选购的款式也不一样。例如，狭长的客厅选用一字形的沙发会节省空间。

沙发的类别

传统沙发

传统沙发的特征为圆弧线条搭配古典细节（如拉扣、打褶、裙边等）。传统沙发的外形常常带有一种包覆感，令人感到舒心、安全。

现代沙发

简单干净的线条和四方的外形是现代沙发的特点，拥有一种休闲、清爽的氛围，又不失设计感，非常适合现代风格和简约风格的客厅。

简约沙发

简约沙发多为素色，线条简单利落，且易于搭配，因此受到不少业主的喜爱。但由于其形式过于简约，若空间中有较为突出、耀眼的家具或摆件，这类沙发就容易被忽略。

布艺无脚沙发

布艺无脚沙发因其特有的褶皱外形，也被称为"沙皮狗沙发"或"懒人沙发"。简单的褶皱很有层次感，摆放在客厅中时，令人有一种说不出的舒适、放松感。

皮沙发

皮沙发具有透气、滑爽、有弹性等特点，更重要的是它的柔软性非常好，所以坐起来很舒服，也不容易脏。同时，将一套时尚的皮沙发摆在客厅里，还显得美观、高贵、大方。

搭配技巧

茶几要和沙发互补并形成对比

选定沙发为空间的风格后，再挑选茶几的颜色、样式来与沙发搭配，就可以避免桌椅不搭调的情况。茶几最好选择与沙发互补又能形成对比的样式，例如，选择自然、舒适的布艺沙发时，可以搭配北欧简约风格的塑料材质小茶几、小型玻璃茶几和长方形金属茶几等。

▲客厅沙发色彩素雅，搭配透明的钢化玻璃茶几，为空间增添了灵动的气息。

▲沙发边桌几上的台灯为主人看书读报提供了便利。

依据墙面尺寸选择沙发

在选择沙发时，可依照墙面的宽度来选择合适的尺寸。沙发的长度最好占墙面的 1/3~1/2，这样，空间的整体比例才较为舒服。例如，靠墙为 5m 时，不适合放置长度接近 5m 的多人沙发，因为这样会造成视觉的压迫感，并影响居住者行走的动线。另外，沙发两旁最好能各留出 50cm 的宽度来摆放边桌或边柜。

根据家居的主色选择合适的沙发抱枕

　　客厅色彩丰富时，沙发抱枕最好采用比较统一、简洁明了的颜色和风格，这样不会使室内环境显得杂乱。客厅色调单一时，沙发抱枕可以选用一些视觉冲击性强的对比色，这样能活跃氛围，丰富空间的视觉层次。

▲鲜艳的蓝、黄色抱枕与素色沙发形成了鲜明的对比，令空间更具生活气息。

茶几要注重功能性

　　随着都市人生活节奏的加快，很多家庭对于打理家中杂物的事情很不上心。在这种情况下，推荐选择带有抽屉等具有收纳功能的茶几。如果喜欢喝茶，茶几还可以变成茶台。

▲带有抽屉的茶几可以帮助收纳客厅里的小物件。

沙发和墙面颜色的搭配技巧	
以空间为主角	以空间墙面颜色为主要色调，用饰品做点缀。整组沙发应与墙壁的色彩相协调。客厅大，则整组沙发的色彩可以大胆一些。想要有焦点，就以一张造型及色彩特殊的单椅来跳出
协调相近色	不要选用暖色调、色彩明亮的装饰画，否则会让空间失去视觉焦点
律动的对比色	对比色具有跳动感。红壁纸绿沙发，强调了沙发的形状，很跳但容易看腻，一般不宜多用，只能使用在重点区域。橙、红、黄的暖色沙发，和与其对比的蓝、绿、紫色的冷色墙面搭配起来，除了色彩鲜明，还能产生韵律感，同时又不会太跳，可以大面积使用

布置方法

▲客厅面积不大时，摆放一张色彩跳跃的布艺沙发，既实用又美观。

一字形布置

　　一字形是最简单的布置方式，适合小面积的客厅。因为家具的元素比较简单，所以不妨在家具款式的选择上多花点心思。别致、独特的造型能给小客厅带来变化的感觉。

▲L形沙发充分地利用了客厅的边角空间。

L 形布置

　　L 形是客厅家具常见的摆放形式，适合在长方形、小面积的客厅内摆设，而且这种方式有效地利用了转角处的空间，比较适合家庭成员或宾客较多的家庭。可直接选择 L 形组合沙发，或者将三人沙发与双人沙发组合摆放成 L 形。

▲U 形布置的沙发对称性极强，令空间更加大气。

U 形布置

　　U 形布置在我国的传统厅堂和现代风格的陈设中较为普遍。这种方式最节省空间，能拉近宾主之间的距离，营造出亲密、温馨的交流气氛。一般由双人或三人沙发、单人椅、茶几构成，也可以选用两把扶手椅；要注意座位和茶几之间的距离。

围合式布置

　　围合式布置方式是以一张大沙发为主体，配上两把或多把沙发或椅凳（在固定了主体沙发的位置后，另外几个辅助椅的位置可以随意摆放），只要在整体上形成一种聚集、围合的感觉就可以。围合式家具布置法适用于大小不同的空间，而且在家具形制的选择上增加了多种变化。

▲围合式的摆放方式提高了空间的利用率，能够满足多人聊天玩耍的需求。

对坐式布置

　　将两组沙发对着摆放的方式不大常见，但事实上这是一种很好的摆放方式，尤其适合越来越多的不爱看电视的人。面积大小不同的客厅，只需变化沙发的大小就可以了。

▲对坐式的摆放方式非常适合家人间的交流。

扫码看更多

电视柜 ▶ 多元化的视听区域

软装速查

①电视柜的用途从单一向多元化发展，除了可用于摆放电视之外，还可作为集收纳、摆放与展示物品功能于一体的家具来使用。

②电视柜按其结构可分为地柜式、组合式、板架式等几种类型。

③通常可以先根据空间的大小确定电视柜的尺寸，再根据其款式、大小装饰背景墙，这样便可以让客厅的整体风格更加和谐，也避免了电视柜的突兀。

④客厅中的电视柜并不是一个单一的物体，它可以与沙发组合成客厅的核心区域。落地式电视柜在摆放时不宜过高，以不高于沙发、令使用者就座后的视线正好落在电视屏幕中心为佳。

电视柜的类别

地柜式电视柜

地柜式电视柜的形状大体上与地柜类似，风格造型多样，适合各种家居风格。它是现在家居生活中使用最多的一种电视柜，通常可以搭配不同造型的电视背景墙使用。

组合式电视柜

按照客厅的大小，组合式电视柜可以选择一个高柜配一个矮几，或者一个高柜配几个矮几。这种高低错落的视听柜组合可分可合，造型富于变化。

板架电视柜

板架电视柜的特点大体上与组合式电视柜相似，主要采用了为板材架构设计，在实用性和耐用性上更加突出。板架电视柜按材质可分为钢木结构、玻璃／钢管结构、大理石结构及板式结构。

𝓣IPS:
电视柜可作为装饰墙使用

大面积的背景墙已经逐渐被功能强大的电视柜取代，电视柜也一反承载电器的单一功能，注重突出设计感。根据空间的大小先确定电视柜，再根据其款式、大小装饰背景墙，这样便可以让客厅的整体风格更加和谐，也避免了电视柜的突兀。选购电视柜与背景墙为一体的组合式装饰柜，意味着省去了设计背景墙的诸多麻烦，同时又增加了储物功能，可谓一举两得。

搭配技巧

配合客厅风格搭配不同的电视柜

现代风格的客厅，可以选择线条简单、造型优美的电视柜；古典风格的客厅，宜选择实木电视柜，更上档次；田园风格的客厅，则可以选择带有泥土气息或者颜色比较跳跃的电视柜。总之，客厅和电视柜的整体风格要配合好，这样电视柜才可以提升客厅的风格和水平。

▲高低组合的电视柜，为客厅带来了更多的收纳空间，也令空间的视觉层次更加丰富。

▲小巧的电视柜与内嵌式的收纳柜结合，令电视背景墙更具实用性。

根据实际需要确定电视柜的样式

可以根据自身需要摆设的物品类别和数量来选择组合电视柜及隔板。家里书籍较多的朋友，可以重点打造一个书架墙，让客厅兼具书房储书的功能。这样不仅可以节省空间，还能彰显屋主的文化品位。如果家里的工艺品较多，则可以考虑营造成展示墙，将小物件一一展示，在给电视柜添加美感和趣味的同时，也表达出屋主的兴趣和爱好。

布置方法

根据客厅的大小确定电视柜的组合方式

不同的客厅，有不同的空间大小，用户需要根据自己的客厅大小、形状和户型来设计不同的组合方式。在空间上，如果客厅比较宽敞，可以优先考虑采用板架结构电视柜或整面框体墙的电视柜。如果空间过于狭长，建议采用较薄的"山"字形或"品"字形的组合电视柜，这样可以让空间错落有致，弱化狭长的视觉感。

▲棕色实木地柜造型美观，与墙体的尺寸非常和谐。

客厅电视柜的尺寸要符合人体工程学

电视柜的高度应令使用者就座后的视线正好落在电视屏幕中心。以坐在沙发上看电视为例——坐面高40cm，坐面到眼的高度通常为66cm，共计106cm，这是视线高，也是用来测算电视柜的高度是否符合健康高度的标准。另外，电视柜不宜过宽，通常情况下，沙发一定要比电视柜宽一些，这样才会形成令人感到舒适的空间比例。

▲电视柜的尺寸比隔断墙略小，令视觉更为舒适。

*T*IPS:
电视柜上的装饰物不要摆得太满

在现代家居生活中，电视柜更侧重于装饰功能，因此很多居住者喜欢在电视柜上摆放各种各样的装饰品。但是，这时也要掌握一个度，若摆放过满，容易令家居环境显得杂乱。地柜上除了摆放必要的电器设备之外，只需点缀一两个或一组装饰品即可。

餐桌椅 营造就餐氛围的主角

扫码看更多

软装速查

①餐桌不仅是一种吃饭时必然会用到的工具，还是一家人增进感情的欢乐地。因此，在选择餐桌时除了考虑实用性外，还要与审美倾向及整个家居的风格和谐，最好以暖色调为主（可以增进人的食欲）。

②按其材质，可分为实木餐桌、人造板餐桌、钢木餐桌、大理石餐桌。

③可以利用不同材质的餐桌椅营造不同的餐厅风格。例如，玻璃和大理石材质的家具样式大胆前卫，造型简洁时尚，非常适合现代风格和简约风格；深色木餐桌椅散发着古朴深沉的气息，可营造出古典氛围；藤艺、浅色木餐桌椅清新淡雅，非常适合田园风格和乡村风格。

④餐桌椅所占面积的大小主要取决于整个餐厅面积的大小。一般来说，餐桌的大小不要超过整个餐厅面积的1/3。

餐桌的类别

实木餐桌

实木餐桌具有天然、环保、健康的自然与原始之美，强调简单结构与舒适功能的结合。通常深色木纹的实木餐桌可用于古典风格，浅色木纹的则适合简约时尚的家居风格。

人造板餐桌

　　人造板餐桌由多层微薄的单板或用木纤维、刨花、木屑、木丝等松散材料以黏结剂热压成型的板材制成。其颜色多样，款式新颖，价格低廉。

钢木餐桌

　　钢木餐桌一般采用钢管实木支架并配置玻璃台面，样式更为大胆前卫，功能更趋于实用。但必须仔细挑选强度高的强化玻璃台面，以免热物引起桌面开裂。

大理石餐桌

　　大理石餐桌分为天然大理石餐桌和人造大理石餐桌。天然大理石餐桌高雅美观，但因为它有天然的纹路和毛细孔，易使污渍和油渍渗入，不易清洁。人造大理石餐桌密度高，油污不容易渗入，保洁容易。

TIPS:
选择餐桌时要根据需要选择材质

　　选择餐桌时，除了考虑居室面积，还要考虑几人使用、是否还有其他功能。应当在决定适当的尺寸之后再决定样式和材质。一般来说，方桌要比圆桌实用；木桌虽优雅，但容易剐伤，使用时需要放置隔热垫；玻璃桌则需要注意是否为强化玻璃，厚度最好在2cm以上。

搭配技巧

根据餐厅面积搭配不同造型的餐桌

　　餐桌椅的挑选要与房间面积的大小相符。圆形的餐桌比较灵活，适合面积较小的餐厅。而对于厨房和餐厅的面积都较大的家庭来说，除了餐厅里的正式餐桌之外，还可以在靠近厨房的地方放一张圆形小餐桌，作为平时家庭成员便餐之用。加长的餐桌适合面积较大的餐厅使用，显得大气。同时，在大空间中更要注意色彩和材质的呼应，否则容易显得松散。

▲长方形的餐桌非常适合狭长的餐厅，能够更充分地利用空间。

餐桌与灯具搭配协调更能表现风格

　　餐桌和灯具要考虑一定的协调性，风格不要差别过大。例如，用了仿旧木桌呈现古朴的乡村风，就不要选择华丽的水晶灯来搭配；用了现代感极强的玻璃餐桌，就不要选择中式风格的仿古灯。

◀几何形的金色吊灯把新中式风格的餐厅装点得更加典雅。

独立式餐厅桌椅的布置要点

独立式餐厅中，餐桌椅的摆放与布置要与餐厅的空间相结合，还要为家庭成员的活动留出合理的空间。如方形和圆形餐厅，可选用圆形或方形餐桌，居中放置；狭长餐厅可在靠墙或窗的一边摆放长餐桌，在桌子的另一侧摆上椅子，这样空间会显得大一些。

▶ 圆形的餐桌与圆形灯池相呼应，令空间更为精致。

开放式餐厅桌椅的布置要点

开放式餐厅大多与客厅相连，在家具的选择上应体现实用功能，要做到数量少但有着完备的功能。另外，开放式餐厅的家具风格一定要与客厅家具的格调相一致，才不会产生凌乱感。在桌椅布置方面，可以根据空间来选择居中摆放或是靠墙摆放这两种形式。

▲ 棕红色的木质桌椅与客厅的真皮沙发十分协调，彰显了新中式风格的庄重、典雅。

餐具 体现饮食意境

扫码看更多

软装速查

①好的菜品讲究色香味俱全，这里的"色"指的是整体的感官效应。除了菜品本身的颜色外，盛放菜品的餐具也不可小觑，好的搭配能令菜品锦上添花。

②餐具按材质可分为陶瓷餐具、骨瓷餐具、玻璃餐具、塑料餐具、不锈钢餐具、密胺餐具、木器餐具等。

③餐具款式的选择宜从餐桌的风格入手，例如欧式风格的餐厅，可以搭配描金花纹类的餐具和华丽造型的烛台；现代感的餐厅，可以搭配色彩活泼一些的大花餐具以及水晶材质、金属材质的烛台；中式风格的餐厅则可采用古典花纹款式的餐具，比如青花瓷。

④一般来说，平底盘、汤盘（包括鱼盘）中的凹凸线是食、器结合的"最佳线"，用盘盛菜时，以菜不漫过此线为佳。用碗盛汤时，则以八成满为宜，即菜品应占碗容积的80%~90%。

餐具的类别

陶瓷餐具

陶瓷餐具造型多样、细腻光滑、色彩明丽，而且便于清洗。瓷器的图案大致可分为传统、经典和现代三种。传统图案经过历史的传承，具有很强的装饰性和古典感；经典图案较为简洁，不会与室内的布置产生不协调的感觉；现代图案则更具潮流感和时尚感。

骨瓷餐具

骨瓷餐具是以动物的骨炭、黏土、长石和石英为基本原料烧制而成的一种餐具，属于高档餐具，号称"瓷器之王"；外表看起来和陶瓷餐具很像，具有柔和、透明、强度高、韧性好的特点。它的特点和适用范围与陶瓷餐具相仿，但更为高档，且质感更好。

玻璃餐具

玻璃餐具透明光亮、清洁卫生，一般不含有毒物质。但玻璃餐具易碎，有时也会"发霉"（这是因为玻璃长期受水的侵蚀，会生成对人体健康有害的物质），所以要经常用碱性洗涤剂洗涤。常用的玻璃餐具包括各种酒杯、醒酒器、冰桶、糖罐、沙拉碗等，选择时宜与瓷器的款式和风格搭配。

塑料餐具

常用的塑料餐具基本上是以聚乙烯和聚丙烯作原料制成的，这是大多数国家的卫生部门认可的无毒塑料，市场上的糖盒、茶盘、饭碗、冷水壶、奶瓶等均采用了这类塑料。由于部分塑料餐具的色彩图案中铅、镉等重金属元素释出量超标，因此要尽量选择没有装饰图案且无色无味的塑料餐具。

不锈钢餐具

不锈钢餐具美观大方、轻便好用、耐腐蚀、不生锈，颇受人们的青睐。不锈钢是由铁铬合金掺入镍、钼等金属制成的，这些金属有的对人体有害，因此使用时应注意，不要用不锈钢餐具长时间盛放盐、酱油、醋等，因为这些食材中的电解质与不锈钢长期接触会发生反应，使有害物质被溶解出来。

密胺餐具

密胺餐具又称"仿瓷餐具""美耐皿"，由密胺树脂粉加热加压铸模而成，是一种外观类似于瓷的餐具，但比瓷坚实，不易碎，而且色泽鲜艳，光洁度强。密胺餐具安全卫生、无毒无味，被广泛应用于快餐业及儿童饮食业中。

木质餐具

木质餐具的最大优点是取材方便，具有稳重典雅、亲切质朴的感觉，同时保温、防烫、耐用，且没有有害化学物质的毒性作用。与其他餐具相比，它们的弱点是，容易被污染或发霉，假如不注意消毒，容易引起肠道传染病。

搭配技巧

不同质地的菜品配用不同的餐具

在选择餐具的品种时，应根据菜肴的干湿程度、软硬情况、汤汁多少，配用适宜的平盘、汤盘、碗等配套餐具。这不单单是为了审美，更重要的是为了便于食用。例如，装干菜时一般配用平盘或碟；装汤汁比较多的菜肴时则选用汤盘，以防汤汁溢出，给进餐者带来不便。

◀选用白色的汤盘，既可衬托菜肴的色泽，又可防止汤汁溢出。

盛器的形状要和菜品的形状相统一

菜肴是讲究形体美的，有的圆润饱满，有的
丝条均匀，有的片块整齐；而盛具的种类较多，
形状不一，各有各的用途，在选用时必须根据菜
肴的形态来选择相应的盛具。例如鱼类菜，无论
是整形的还是条状、块状、片状的，都宜用长盘；
而对丸子类的圆形菜，就应配用圆形盘；对滑炒
鸡丝等丝状菜肴则应选用条形盘；带些汤汁的烩
菜、煨菜装在汤盘内较合适。

▶沙拉果盘在玻璃餐具的映衬下显得更加美味。

餐具的配用要考虑到菜肴的点缀、美化

成型的菜肴一般都要进行点缀和围边，以达
到美化菜肴的目的。所以，我们在使用餐具时就
要考虑菜肴的点缀和围边应采用何种形式。餐具
的配用要做到既可以弥补菜肴平淡之不足，又能
增加菜肴的色彩，使菜肴更具有清新感，让人赏
心悦目。

▶绿色花边的餐盘令菜肴的色泽更为多彩。

▲温润的骨瓷餐具与晶莹剔透的玻璃餐具增添了用餐的情趣。

布置方法

西餐桌的布置

（1）大餐盘位于餐桌的中央。小面包碟放置在大餐盘左侧、餐叉的上方，同时还会放置黄油刀。

（2）将高脚水杯放置在客人正餐刀的上方，将细长的香槟酒杯放置在水杯和其他杯子之间。

（3）将沙拉叉放置在大餐盘左侧 1in（约 2.5cm）的地方，将正餐叉放置在沙拉叉的左边，鱼叉放置在正餐叉的左边。

（4）将正餐刀（如果有肉菜的话，也可以放主菜刀）放置在大餐盘右侧 1in（约 2.5cm）的地方，将鱼刀放置在正餐刀的右边。黄油刀则放在黄油面包碟之上，其手柄斜对着客人。汤勺或水果勺置于餐盘右侧、刀具的右边。

（5）甜点餐叉（或勺子）可以水平放置在大餐盘之上，也可以在供应甜点时再拿给客人。

（6）盐瓶位于胡椒粉瓶的右下方，胡椒粉瓶位于盐瓶的左上方，两者略成角度。一般将盐瓶和胡椒粉瓶置于整套餐具的最上边或是两套餐具之间。

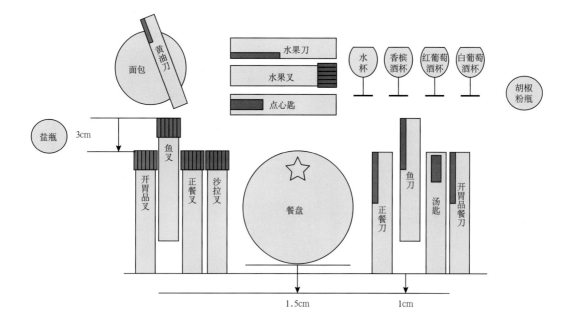

中餐桌的布置

（1）骨碟（大盘）离身体最近，正对领带；餐布的一角压在大盘之下，另一角垂落桌沿；小盘叠在大盘上；大盘左侧放手巾，左前侧放汤碗，小瓷汤勺放在汤碗内；右前侧放置酒杯，右侧放筷子和牙签。

（2）中餐中的骨碟（大盘）是作为摆设使用的，用来压住餐布的一角，没有其他用途；用骨碟（大盘）来盛放东西是不合餐桌礼仪的。

（3）小盘叠在骨碟（大盘）上，用来盛放吃剩的骨、壳、皮等垃圾。在小盘里没有垃圾或者垃圾很少的情况下，也可以用其暂放用筷子夹过来的菜。

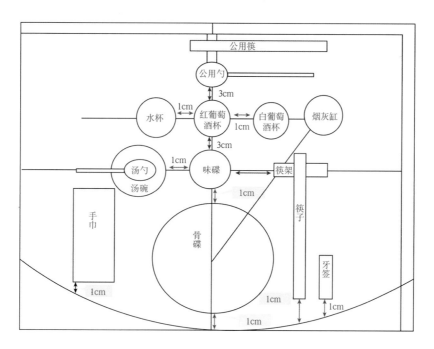

TIPS:

餐桌摆台的布置技巧

无论是西式、中式、国际式摆台，还是宴会摆台，其基本要领是：垫盘正中，盘前横匙，叉左刀右，先外后里，刀尖向上，刀口朝盘，主食靠左，饮具在右；一些专用餐具、烟灰缸和调料瓶等可视需要酌情放置。

酒杯的数目和种类应根据上酒的品种而定，通常是从左至右依次放置烈性酒杯、葡萄酒杯、香槟酒杯、啤酒杯。

扫码看多

床 睡眠、静修之所

软装速查

①床作为卧室中较大的家具之一，可以起到奠定卧室基调的作用。卧室的床应尽量选择比较沉稳的色调，而不要选择颜色鲜艳或者反差极大的颜色搭配。

②床按照形式的不同可分为平板床、平台床、四柱床、天蓬床、铁艺床等。

③传统的有床靠的睡床如今也有了诸多创新，如浪漫的圆形软体床个性的造型床，都为卧室的视觉形象带来了新鲜感。另外，还可以选择空间较大的床头，可以摆放更多枕头，改变居住者的倚靠方式；更可以添加装饰品，以丰富卧室的视觉感受。

④摆放床的时候，若床尾一侧的墙面设有衣柜，那么床尾和衣柜之间要留出90cm以上的过道；床头两侧要有一边离侧墙有60cm的宽度，便于从侧边上下床；床头旁边留出50cm的宽度，可以摆放床头边桌，可随手摆放手机等小物。

床的类别

平板床

平板床是最传统的床型，床头板有多种材质可供选择，如木板、绒布＋木板等。床头板的面积最好超过120cm×150cm，这样才能撑住一般人靠躺的重量。

平台床

平台床是没有床头板、床柱和装饰的一种床型，床台较低。这类睡床比较简洁，适合简单装修的居室。如果卧室的空间不大，最好选择床头与床垫高度切齐的床台。

四柱床

四柱床较为常见的风格有中式和欧式两种，可以为居室带来典雅的氛围。建议床柱不要超过空间高度的 2/3；而对于小面积的卧室来说，四柱床的柱体要细一些。

天蓬床

天蓬床适合吊顶较高的卧室，可以在上方边框处垂挂装饰帘。这种睡床既具有装饰性，同时也能使居住者的睡眠环境更加安静。

铁艺床

铁艺床看上去很清新、唯美，而且比较环保，适合田园风格的家居使用。它最大的缺点是靠着不舒服，而且硬度太强，有时不小心会伤到人，所以不适合儿童房和老人房使用。

搭配技巧

床头板要与卧室背景墙相呼应

床头板的造型种类很多，美观中兼具安全性，可以成为整个卧室的视觉焦点。但是床头板的选择要考虑到居室的整体风格，与卧室背景墙相协调。不能出现中式风格的床头板搭配欧式风格的背景墙的情况，否则会令居室的氛围不伦不类。

▲浅色的软包床头与背景墙的棕色硬包形成强有力的对比，令新中式风格的卧室更具层次感；大型床头与各色抱枕活跃了卧室的气氛。

床头板可根据实际需要来选择

老人最好选择内有填充物的床头板，以避免头部不小心撞到墙面而受伤；儿童房要尽量避免棱角的出现，儿童床的边角一定要圆弧边，这样才能保障孩子的安全；简约风格的卧室可以选择不带床头板的睡床，只需将枕头叠两层，就能形成床的完整印象。

◀采用软包的床头可以令睡眠更为安全、舒适；床边两侧留出 60cm 以上的空位，可摆放床头柜。

布置方法

两张并排摆放的床

　　两张并排摆放的床之间的距离最少应为60cm。两张床之间除了能放下一个床头柜以外，还能让人自由走动。当然，床的外侧也不例外，这样才能方便地清洁地板和整理床上用品。

▶并排摆放的床，中间以床头柜隔开，既可摆放饰品，又增加了收纳空间。

柜子摆放在与床相对的墙边

　　如果把衣柜摆放在与床相对的墙边，那么床与衣柜之间的距离最好在90cm以上。留出这个空间是为了能够方便地打开柜门以拿取物品，而且不阻碍人的通行。也可以摆放两把扶手椅，但要注意椅子和茶几之间的距离。

▶床与对面的矮柜要保持一定的距离，以方便人走动和拿取物品。

衣柜 衣物收纳的好帮手

扫码看多

软装速查

①衣柜又称储物柜、更衣柜、壁柜等，是存放衣物、收纳被褥的柜式家具，一般有两门、三门、嵌入式等样式，是家庭生活中不可或缺的家具之一。

②衣柜从使用形式上可以分为推拉门衣柜、平开门衣柜和开放式衣柜。

③衣柜可以根据家庭成员的年龄来搭配。例如，老人房的衣柜在颜色选择上就不能太过艳丽，可以选择怀旧或是仿古的色彩；儿童房的衣柜应该选择一些较为活泼、亮丽的色彩。

④衣柜平开门的宽度在450~600mm；推拉门的宽度在600~800mm范围内最佳；平开门的高度为2200~2400mm，超过2400mm可以设计加顶柜。推拉门的高度与平开门的尺寸一样。需要注意的是，在选择尺寸的时候，要考虑衣柜门的承重力。

衣柜的类别

推拉门衣柜

推拉门衣柜也叫移门衣柜，是将衣柜柜体嵌入墙体到顶，成为家居装修的一部分。推拉门衣柜的特点是轻巧，使用方便，空间利用率高，定制过程方便，比较适合户型面积相对较小且需要大量储物空间的家庭。

平开门衣柜

平开门衣柜是靠衣柜合页将门板与柜体连接起来的，是比较传统的开启式的衣柜。平开门衣柜的优点是价格比推拉门衣柜便宜，缺点是比较占用空间。平开门衣柜在传统的成品衣柜中比较常见。

开放式衣柜

开放式衣柜也就是无门衣柜，因呈开放式而得名。开放式衣柜的储存功能很强，一般用于衣帽间。开放式衣柜比传统衣柜更时尚、更前卫，但是对家居空间整洁度的要求也非常高，所以要注意经常清洁。

搭配技巧

根据卧室环境的颜色来搭配

衣柜的颜色选择应与卧室的颜色搭配。如果卧室的墙面是白色的，可以选择与卧室地板相近色系的衣柜，或是选择与床相近色系的衣柜。如果感觉颜色相近的衣柜、墙壁和床的颜色搭配在一起显得十分单调乏味，可以选择颜色的混搭，但是在混搭时要注意，冷色系和暖色系的颜色要搭配得好，否则衣柜就会显得十分突兀，还会造成混乱的感觉。

▲ 白色的衣柜干净清爽，搭配蓝色和绿色的布艺，令卧室充满大自然的气息。

▲白色系的衣柜降低了卧室的沉闷感，同时平开门的尺寸小于600mm，能够方便地开启门窗。

可以根据卧室的朝向而定

假如卧室的采光和通风都很好，则在衣柜色调上没有太多的讲究，但最好不要选择表面镶嵌太多反光金属和玻璃的衣柜，免得过多流动的光线对人的视觉造成干扰；假如卧室的采光和通风较差，则最好选用浅色系的衣柜，如白色、米白色、浅粉色等。衣柜应尽量摆放在墙角阴暗处，不要摆放在窗户或卧室门的旁边，以避免衣柜遮挡光线。

根据卧室的装修风格来搭配

款式一样的衣柜可以搭配不同的装修风格，但要使用不同的颜色。一般来说，欧式风格装修比较富丽堂皇，可以选择淡色调的白色或深色调的苹果木的衣柜；时尚潮流的装修风格，可以选择与卧室地板的色系相近的衣柜，或是选择跟床的色系相近的衣柜；田园风格多采用碎花、条纹、苏格兰等乡土味道十足的元素，衣柜可以以黑、白、灰等中色系为主。

▲原木色系的衣柜与美式风格的卧室非常契合。

布置方法

床侧边摆放衣柜

最常见的摆放方法是将衣柜摆放在床的一侧，无论是正方形还是长方形的卧室，都比较适合。衣柜与床边的距离最好不要小于800mm，不然可能影响到居住者的床边活动，甚至导致衣柜开门不便。

▲内嵌式的衣柜可节省卧室空间，同时很好地与墙面融为一体。

拐角设计衣柜

转角衣柜，适合开间或者大面积、多功能布置的卧室。衣柜能起到隔断墙的作用。如果房间整体采光好，还可以充分利用空间，把衣柜设计成顶天立地的款式。如果只有一面采光，那么最好在衣柜上部留出空间，这样自然光可以进入。

▲L形的衣柜设计可最大限度地利用卧室的边角空间。同时衣柜高度超过240mm，所以设计成单独的顶柜形式，方便收纳不常用的衣物。

床对面摆放衣柜

狭长的卧室中，如果一侧的墙面有窗户或者门遮挡，不适宜摆放衣柜，那么可以在床头的另一面墙定制组合衣柜。很多人愿意在床头正上方加装顶柜，这样其实不利于睡眠；最好能增加床头板的厚度，使人躺下时眼睛平视能看到天花板，这样通透感和安全感更强。

▲床对面的衣柜功能齐全，可以把电视区域也包含在内，令空间看起来更为整体。

书柜 承载文化的底蕴

软装速查

①许多人总是丢三落四，书籍乱扔乱放，让居室环境变得一团糟。而这个时候如果有了书柜，把所有的书整理在书柜里，就可以让居室环境一下子变得干净明了。

②按书柜样式的不同可分为开放式书柜、密闭性书柜和半开放性书柜。

③现代家居风格各异，传统的书柜搬进家居时常常会因为款式不对，或者尺寸、高低不一，造成空间的浪费。定制书柜通过现场测量定做，充分考虑了家居的装修风格与空间结构，不但增加了书柜的收纳空间，还提高了空间利用率。

④为了满足书柜的基本功能，书柜普遍以深度300mm，高度2200mm（超越此高度的需求，可用梯子辅助运用）左右为宜。格位的高度最少为300mm（16开书本的高度，音像光盘只需150mm便可），宽度视资料而定。采用18mm厚度的刨花板或密度板时，格位的极限宽度不能超越800mm；采用实木隔板时，极限宽度一般为1200mm。

书柜的类别

开放式书柜

开放式书柜由于没有门板或玻璃，在取放物品时十分方便，但容易被灰尘等污染，不利于书籍的清洁保养。开放式书柜的造型设计会更加灵活，可以活跃空间氛围，价格也相对较低。

密闭式书柜

密闭式书柜具有良好的防尘效果，能够对书籍起到更好的保护作用，同时令空间更加整体、美观。这类书柜一般用材考究，造型高贵典雅，价格也略高。

半开放式书柜

带玻璃门或者柜门的半开放式书柜，既可以展示书籍，让人在挑选时一目了然，又可以将常用的书籍放在开放区域，方便查找，同时将不常用的书及精装书放在密闭区域，起到良好的保护作用。

搭配技巧

量身定做书柜更实用

如果钟爱藏书，但居室面积又比较有限，那么选择整体书柜会比较合适，这样就能合理地利用好每一分空间。此外，从设计角度上来讲，很多时候可考虑将进门走廊的一侧或两侧设计成开放式的书架，这样的设计可让人一进门就感受到儒雅居室特有的味道。

◀依照墙体的尺寸定做整面墙的书柜，可以令空间的整体性更强。

开放式书柜适合在家办公的人

实用性是在家办公的人士首要考虑的问题，因为常用的专业书籍比较多，合理的书柜结构可帮助他们在最短的时间内找到想要的书籍。鉴于这个原因，结构简单的板式家具很受青睐。同时，连体的书桌柜也不失为一种好的选择，既节省空间，又便于取放书籍。

▲开放式书柜的空间可利用率高，可收纳更多书籍。

儿童书柜、书桌的搭配技巧	
挑选合适的高度	书桌、书柜必须挑选合适的高度，或者选择高度可以调节的产品。因为学龄儿童在学习时，不当的高度可能会成为造成孩子近视、驼背的祸首，同时还会降低孩子的学习效率、引起疲劳
安全稳固很重要	书桌、书柜的线条应该圆滑流畅，圆形或者弧形收边的最好；另外还要注意开合是否流畅，表面处理得是否细腻。一般来说，带有锐角和表面坚硬的书桌、书柜都要远离孩子。在选购书桌、书柜的时候可以用力地晃几下，看看是否结实
用料要环保	一般要选择实木或者品牌好一点的书桌、书柜。表面的涂层要具有不褪色和不易刮伤等特点，最重要的是表面涂料要无害，质量不合格可能对孩子的身体健康有影响

布置方法

一字形布置

将书柜和书桌结合起来布满整个墙面，书柜中部放置书桌。为了不令人在读书时产生压迫感，书桌上方最好用深度较小的书架。这种布置方式适合于藏书较多、开间较窄的书房。

▲一字形摆放适合狭长形的书房，能令空间更为规整。

U 形布置

U 形布置适用于家里书籍较多、书房较大的家庭。它的组合方式主要有两种：可以两面放置书柜，在靠近窗户的位置摆放书桌；也可以三面都设置书柜，书桌独立摆放。这种摆放方式能够最大限度地利用边角空间。

▲U 形摆放方式非常适合家里藏书较多的情况，也可作为工艺品的展示区。

L 形布置

书桌靠窗放置，而书柜放在边侧墙处，取阅方便，同时书桌应靠近窗户（光线好）。这种布置方式可以节省空间，中部留有很大的空间可以作为休闲活动区域。

▲L 形摆放可最大限度地节省空间，令书房可以增添休闲区。

并列形布置

墙面满铺书柜时，中间一般会空出一个区域挂画，作为书桌后的背景；而侧墙开窗，使自然光线均匀地投射到书桌上。这种方式一般适合于古典风格，会显得非常大气，也是最常见的一种摆放方式。

▲半开放式书柜既可存放书籍，又可展示工艺品，形成自然的装饰墙。

窗帘 调节光线的好帮手

扫码看更多

软装速查

①窗帘是家居装饰中不可或缺的要素，能为居室带来万种风情。此外，窗帘还具有保护隐私、调节光线和室内保温等功能；而厚重、绒类布料的窗帘还可以吸收噪声，能在一定程度上起到遮尘防噪的效果。

②窗帘按其形式可分为平开帘、罗马帘、卷帘、百叶帘、垂直帘等。

③选择窗帘的色彩、质料时，应区分出季节的不同特点。夏季用质料轻薄、透明柔软的纱或绸，以浅色为佳；冬天宜用质料深厚、细密的绒布，以颜色暖重为好；春秋季用厚料冰丝、花布、仿真丝等，色泽以中色为宜。而花布窗帘活泼明快，四季皆宜。

④窗帘的宽度一般以两侧比窗户各宽出10cm左右为宜，底部应视窗帘的式样而定，短式窗帘也应以长于窗台底线20cm为宜；落地窗帘一般应距地面2～3cm。

窗帘的类别

平开帘

平开帘是指沿着窗户和轨道的轨迹做平行移动的窗帘，主要包括欧式豪华型、罗马杆式及简约式等。其中，欧式豪华型以色彩浓郁的大花为主，看上去华贵富丽；简约式则以素色条格或色彩比较淡雅的花草为素材。

罗马帘

罗马帘是指在绳索的牵引下做上下移动的窗帘，比较适合安装在豪华风格的居室中，特别适合有大面积玻璃的观景窗。罗马帘的装饰效果华丽、漂亮，有普通拉绳式、横杆式、扇形、波浪形几种形式。

卷帘

卷帘是指随着卷管的卷动而做上下移动的窗帘，材质一般选用压成各种纹路或印成各种图案的无纺布。卷帘亮而不透，表面挺括，周边没有花哨的装饰，且使用方便、便于清洗，比较适合安装在书房、卫浴间等面积小的房间。

百叶帘

百叶帘指可以做 180° 调节并做上下垂直或左右平移的硬质窗帘。百叶帘遮光效果好、透气性强，可以直接水洗，易清洁，适用性比较广（如书房、卫生间、厨房间及一些公共场所）。

垂直帘

垂直帘与百叶帘类似，不过叶片是垂直悬挂在吊轨上的，可以左右自由调光以达到遮阳的目的。根据材料的不同，垂直帘可以分为 PVC 垂直帘、普通面料垂直帘和铝合金垂直帘。

搭配技巧

▲深棕色的窗帘和灰绿色的地毯同属大地色系，给人以沉稳、大气的感觉。

▲天鹅绒的罗马帘塑造出了客厅的厚重、典雅的气息。

窗帘色彩应与环境相协调

一般来说，窗帘颜色应与地面颜色接近，如果地面是紫红色的，窗帘可选择粉红、桃红等近似于地面的颜色，但是对于面积较小的房间，地板为栗红色时再选用栗红色窗帘，就会显得房间狭小。所以，当地面同家具颜色对比度强的时候，可以以地面颜色为中心进行选择；地面颜色同家具颜色对比度较弱时，可以以家具颜色为中心进行选择。

根据空间特点选择窗帘

空间面积大的房间，窗帘可选择较大的花型，能给人强烈的视觉冲击力，但会使人感觉空间有所缩小；空间面积小的房间，窗帘应选择较小的花型，能令人感到温馨、恬静，且会使人感觉空间有所扩大；新婚房，窗帘色彩宜鲜艳、浓烈，以增加热闹、欢乐的气氛。老人房，窗帘宜用素静、平和色调，以呈现安静、和睦的氛围。

TIPS:

窗帘图案不宜太琐碎

窗帘图案主要有两种类型，即抽象型（又叫几何形，如方、圆、条纹及其他形状）和天然物质形态图案（如动物、植物、山水风光等）。选择窗帘图案时一般应注意，窗帘图案不宜过于琐碎，要考虑打褶后的效果。窗帘花纹不宜选择斜面，否则会使人产生倾斜感。另外，高大的房间宜选横向花纹，低矮的房间宜选竖向条纹。

布置方法

通用型窗帘布

计算方法是：布料的宽度等于窗户或轨道宽度的 2.5~2.8 倍。该用法褶皱均匀，立体层次明显，效果较好，是目前窗帘布料最适合的计算方法，应用得也最为普遍。

▶精致的粉色花边令卧室更具小资情调。

豪华型窗帘布

计算方法是：布料的宽度等于窗户或轨道宽度的 3~3.5 倍。该用法褶皱感强，层次错落有致，且窗帘基本上是落地式的，适合经济较富裕、居室追求豪华气派风格的人群使用。

▶客厅使用褶皱感强的罗马帘更能衬托欧式的华贵。

经济适用型窗帘布

计算方法是：布料的宽度等于窗户或轨道宽度的 1.5 倍。该用法的最大优点就是节省费用，而最大缺点就是布料基本上是平摊开的，没有褶皱感和立体感，视觉效果较差，适合简约的居家风格。

▲淡紫色的窗帘布简约时尚，给卧室带来温馨情怀。

床上用品　提升家居亮点

扫码看更多

软装速查

①床上用品作为家居装饰的一部分，选择其颜色时最好与家居的装饰色彩相搭配，这样才能显出完美的装饰效果。

②床品面料分为纯棉、涤纶、麻类、竹纤维、真丝等；被芯分为棉被、羊毛被、蚕丝被、羽绒被等；枕芯分为乳胶、决明子、荞麦、羽绒枕芯等。

③床上用品是卧室的主角，它决定了卧室的基调。无论是哪种风格的卧室，床上用品都要注意与家具、墙面的花色统一。

④春夏两季，气温相对高些，床上用品的颜色应选择清新淡雅的冷色，质地应选择较薄一些的面料；而秋冬两季气温下降，天气寒冷，床罩的颜色应趋向暖色，在质地上应该选择较厚的面料。

床品面料类别

纯棉

纯棉是以棉花为原料，通过织机，由经纬纱纵横交错而织成的纺织品，具有吸湿、保湿、耐热、耐碱、卫生等特点，但它易皱、易缩水、易变形。纯棉有平纹和斜纹两种织法。

涤纶

涤纶属于合成纤维，具有优良的定型性能。其强度高、弹性好，有较高的耐热性和稳定性。涤纶表面光滑、耐磨、耐光、耐腐蚀，虽然染色性较差，但色彩牢固性好，不易褪色。

麻类

麻类纤维具有天然的优良特性，是其他纤维无法比拟的。麻类床上用品具有独特的卫生、护肤、抗菌、保健功能，并能够改善睡眠质量。麻类纤维强度高，有良好的着色性能，具有生动的凹凸纹理。

竹纤维

竹纤维是从竹子中提取的一种纤维素纤维，享有"会呼吸的生态纤维"的美称。其具有超强的抗菌性，且吸水性、透气性、耐磨性都非常好，还能防螨虫、防臭和抗紫外线，能够增强机体的免疫力。

真丝

真丝的吸湿性、透气性好，静电小，还有利于防止湿疹、皮肤瘙痒等皮肤病的产生。真丝中含有 20 多种人体需要的氨基酸，可以帮助皮肤维持表面脂膜的新陈代谢，使人的皮肤变得光滑润泽。

被芯类别

棉被

　　棉被是以棉絮为填充物的传统被子，具有手感蓬松，保暖性好，价格便宜的优点。其缺点是不易清洗，容易吸潮板结而影响其保暖性，需要经常晾晒。

羊毛被

　　在所有纤维中，羊毛有着独特的绝热性，其自然的弹性卷曲可有效保留空气并使之均匀分布在纤维间。羊毛被耐用、轻柔、舒适，可适用于多种气候的睡眠要求，特别适合有哮喘病或呼吸道敏感的人使用。

蚕丝被

　　蚕丝织物质地轻软、触感舒适，富含人体必需的氨基酸，对皮肤的排汗、呼吸有很好的辅助作用，可以促进皮肤的新陈代谢。以蚕丝充填的蚕丝被可以使皮肤自由地排汗、呼吸，保持皮肤的清洁。

羽绒被

　　羽绒被能够在睡眠时吸收身体散发出来的水蒸气，并将它排离体表，使人体保持在恒温的状态下。它的保暖性、透气性和舒适性也很好。但是，羽毛容易导致过敏人群过敏，所以一般不适合老人和小孩使用。

枕芯类别

乳胶枕

乳胶枕弹性好，不易变形，支撑力强。对于骨骼正在发育的儿童来说，可以改变头形，而且不会有引发呼吸道过敏的灰尘、纤维等过敏源。此外，有的乳胶枕还具有按摩和促进血液循环的效果。

决明子枕

决明子性微寒，略带青草香味，其种子坚硬，可对头部和颈部穴位按摩，所以对头痛、头晕、失眠、脑动脉硬化、颈椎病等，均有辅助治疗作用。另外，决明子还具有凉爽特性，夏天使用决明子枕特别舒适。

荞麦枕

荞麦枕是利用天然材质荞麦制成的枕头。荞麦具有坚韧不易碎的菱形结构，而荞麦枕可以随着头部左右移动而改变形状。清洁荞麦枕的方法是定期放在太阳下照射。荞麦枕的缺点是可塑性较差，很难贴合人体曲线。

羽绒枕

好的羽绒枕，蓬松度较佳，可提供给头部较好的支撑，也不会因使用久了而变形，而且具有质轻、透气、不闷热的优点。其最突出的缺点是清洗不方便。

搭配技巧

根据居住人群搭配床品颜色

　　老年人的居室宜选用浅橘黄色的床罩，能使人精神振奋、心情愉快；新婚者的居室宜选用鲜艳或浓烈色彩的床上用品，能为房间增添喜庆气氛；倘若居室主人患有血压病或心脏病，最好铺上淡蓝色的床上用品，以利于血压下降，帮助脉搏恢复正常；情绪不稳定易急躁的人，居室宜选用嫩绿色床上用品，以便松弛精神、舒缓情绪。

▲嫩绿色的床上用品搭配紫色的床头背景，犹如置身于大自然的温情中，令人备感温馨舒适。

利用靠枕调节卧室气氛

　　靠枕能够调节卧室的气氛，突出装饰效果，通过色彩、质地、面料与周围环境的对比，使室内的艺术效果更加丰富。靠枕的形状很多，不但有方形、椭圆形等，还有动物、水果或者人物形状等趣味性十足靠枕。根据床上用品的图案进行设计会具有整体感，单独设计则可以起到活跃氛围的作用。

▲紫色与蓝色、棕色的靠枕相互搭配，为空间增添了活力。

布置方法

根据床的规格选择床上用品

● 1.2米床：被套150cm×210cm；床单190cm×245cm；枕套48cm×74cm。

● 1.5米床：被套200cm×235cm；床单240cm×245cm；枕套48cm×74cm。

● 1.8米床：被套220cm×240cm；床单270cm×245cm；枕套48cm×74cm。

● 2.0米床：被套240cm×260cm；床单290cm×245cm；枕套48cm×74cm。

▲以棕色和淡绿色为主色调的卧室，搭配白色的床上用品，令空间更显雅致、静谧。

地毯 提升家居亮点

扫码看多

软装速查

①地毯最初是用来铺地御寒的。随着工艺的发展，地毯成为了高级装饰品，不仅能够隔热、防潮，而且具有较高的舒适感，同时兼具很高的观赏效果。

②常见的地毯包括羊毛地毯、混纺地毯、化纤地毯、塑料地毯、草织地毯等。

③一般来说，地毯颜色应选择室内使用面积最大、最抢眼的颜色，这样搭配不容易出错，比较保险。如果家里的装饰风格比较前卫，混搭的色彩比较多，也可以挑选室内少有的色彩或中性色。

④地毯的规格和尺寸也要和房间的功能相适应。卧室陈设比较简单且面积小时，可选择灵活的圆形小地毯。餐厅地毯尺寸不宜太大，覆盖面积达到 60%~70% 为宜，尽量把桌椅的位置都覆盖到。

地毯类别

羊毛地毯

羊毛地毯的手感柔和，弹性好，色泽鲜艳且质地厚实，抗静电性能好，不易老化和褪色；具有较好的吸音能力，可以降低各种噪声；同时具有热量不易散失等优点。但它的防虫性、耐菌性和耐潮湿性较差。

混纺地毯

　　混纺地毯的花色、质感和手感与羊毛地毯差别不大，但它克服了羊毛地毯不耐虫蛀的缺点，同时具有更高的耐磨性。它的弹性、脚感比化纤地毯好，价格适中，特别适合使用在经济型装修的住宅中。

化纤地毯

　　化纤地毯也称为合成纤维地毯，品种极多，其中以尼龙地毯居多。用尼龙织造的地毯耐久性好，耐拉伸、耐曲折、耐破损性能较好，价格低廉，比较适合铺在走廊、楼梯、客厅等走动频繁的区域。

塑料地毯

　　塑料地毯又叫橡胶地毯。它质地柔软，色彩鲜艳，舒适耐用，不易燃、且可自熄，不怕湿，不虫蛀，不霉烂，弹性好，耐磨，可根据面积任意拼接。塑料地毯经常用于浴室，能起到防滑作用。

草织地毯

　　草织地毯主要由草、麻、玉米皮等材料加工漂白后纺织而成，乡土气息浓厚，与田园风格、乡村风格较搭配。因其质地凉爽，比较适合夏季铺设。但是，草织地毯易脏、不易保养，经常下雨的潮湿地区不宜使用。

搭配技巧

根据家居色彩搭配地毯

  在墙面、家具、软装饰都以白色为主的空间中，不妨用地毯或抱枕等布艺织物来活跃空间气氛。例如，可以选用和墙面色彩靠近，但花纹别致的地毯，从而令空间更显精致。

▲淡蓝色系座椅与蓝白相间的地毯属同类色，令空间更加舒适安逸。

根据使用条件搭配地毯

  家居环境可以根据使用条件选择不同材料及花色的地毯。例如，人流频繁的房间宜选择耐脏、耐磨损的针织地毯；门厅、卫生间可选用防水防腐、弹性好、色泽鲜艳的塑料或橡胶地毯；儿童房可以选择带有卡通图案，既容易清洁又防滑的尼龙地毯。

▲客厅人流量大，非常适合铺设短绒地毯。

布置方法

根据空间布置地毯

在客厅、餐厅和卧室内放几块自己喜欢的地毯，可以在家居装饰中起到画龙点睛的作用。客厅地毯有两种选择，一种是直接根据茶几的尺寸，放在沙发前的茶几下面；另一种是将沙发也放在地毯上，形成整体划一的感觉。而餐厅地毯则要根据餐桌一周拉出椅子的面积来选择。卧室地毯可以放在床头或是床的两侧，这样显得既美观也实用。

▲ 棕色的印花地毯把沙发和茶几划分为一块独立区域。

Tips:
地毯的常见尺寸和使用方法

● 60cm×120cm。常常铺放在浴室、厨房和门口。

● 90cm×150cm。一般也是放在房子入口和厨房。

● 120cm×180cm。一般放在门口或者较小的茶几下。

● 1.5m×2.4m。这是沙发区最常见的地毯尺寸。

● 1.8m×2.7m。这也是常用的沙发地毯尺寸，可根据沙发的具体尺寸选择。

● 2.4m×3m。多用于大型客厅，也可铺在餐桌下面，这样就算把凳子往后移，也能够保证凳脚在毯面上。

● 2.7m×3.6m。这是一款适合别墅类的大客厅和大餐厅的地毯。

灯具 点亮居室生活

扫码看更多

软装速查

①灯具除了可以用来照明之外，也是室内最具魅力的调情师。一盏好的灯具，能让家具有或浪漫或温柔或清新的格调。

②灯具按照材料的不同可分为水晶灯、铁艺灯、不锈钢灯、树脂灯、亚克力灯等。

③灯具的选择必须考虑家居装修的风格、墙面的色泽以及家具的色彩等，否则灯具与居室的整体风格不一致，会弄巧成拙。如家居风格为简约风格，就不应选用繁复华丽的水晶吊灯；如果室内墙纸色彩为浅色系，则应选用暖色调的白炽灯为光源。

④家居装饰灯具的应用需根据室内面积来选择，如 $12m^2$ 以下的居室宜采用直径为 20cm 以下的吸顶灯或壁灯，灯具数量、大小应配合适宜，以免显得过于拥挤。

⑤如果注重灯具的实用性，可以挑选黑色、深红色等深色系镶边的吸顶灯或落地灯；若注重装饰性又追求现代化风格，则可选择造型活泼、灵动的灯具。

灯具类别

水晶灯

水晶灯具有样式时尚美观、实用性强、健康环保且寿命持久的优点。水晶外观晶莹，极富装饰性，能够增强光亮度，体现优雅和档次感。用水晶吊灯装饰客厅，显得既大气又精美绝伦。

铁艺灯

　　铁艺灯以壁灯、吊灯和台灯为主，造型古朴大方、凝重严肃。它源自欧洲古典风格艺术，所以多具有欧式特征，灯罩多以暖色为主，彰显典雅与浪漫。

不锈钢灯

　　以不锈钢为主材的灯具一般是以线形为主，造型曲线流畅、明快，具有强烈的现代气质，非常适合用于简约风格、现代风格或后现代风格的家居空间。

树脂灯

　　树脂灯一般都是装饰性灯具，是通过将树脂塑造成各种不同的形态造型，再装上灯泡组成的。树脂灯颜色丰富，造型非常丰富，生动有趣，环保自然。

亚克力灯

　　亚克力灯具的主要特征是灯罩部分为亚克力材质。亚克力是一种有机玻璃，具有较好的透明性、化学稳定性和耐候性，其加工性能优异，所以外观优美且造型和花样多，不易碎，逐渐取代了玻璃灯罩。

搭配技巧

利用灯光令大空间具有私密性的技巧

① 较宽敞的空间可以将灯具安装在显眼位置，并令其能照射到 360°。

② 要想使大空间获得私密感，可利用半透明的灯罩使四周墙面变暗，并用射灯强调出展品。

③ 采用深色的墙面，并用射灯集中照射展品，会减少空间的宽敞感。

④ 用吊灯向下投射，会使较高的空间显低，从而获得私密性。

▲ 彩色仿大理石地砖与水晶吊顶的结合，彰显出客厅的典雅情调。

▲ 以双头筒灯作为主要照明，摒弃了一般吊顶的烦琐造型，令空间变得更加简洁明快。

利用灯光将小空间变得宽敞的技巧

① 较小的空间应尽量把灯具藏进吊顶。

② 用光线来强调墙面和吊顶，会使小空间变大。

③ 用灯光强调浅色的反向墙面，会在视觉上延展一个墙面，从而使较狭窄的空间显得较宽敞。

④ 用向上的灯光照在浅色的表面上，会使较低的空间显高。

布置方法

灯具大小要结合室内面积

　　家居装饰灯具的应用需根据室内面积来选择。例如，12m^2 以下的居室宜采用直径为 20cm 以下的吸顶灯或壁灯，灯具数量、大小应配合适宜，以免显得过于拥挤；15m^2 左右的居室应采用直径为 30cm 左右的吸顶灯或多叉花饰吊灯，灯的直径最大不得超过 40cm；20m^2 以上的居室，灯具的尺寸一般不超过 50cm×50cm 即可。

▲金色的吊灯款式高贵典雅，令大面积的客厅也不显空旷。

扫码看更多

装饰画 活跃家居氛围

装饰画类别

中国画

中国画具有清雅、古逸、含蓄、悠远的意境，不管何种图案均以立意为先，特别适合与中式风格装修居室搭配。中国画常见的形式有横、竖、方、圆、扇形等，可创作在纸、绢、帛、扇面、陶瓷、屏风等材质上。

油画

油画具有极强的表现力和丰富的色彩变化，透明、厚重的层次对比，变化无穷的笔触及坚实的耐久性。油画题材一般为风景、人物和静物，是装饰画中最具有贵族气息的一种。

摄影画

摄影画是近现代出现的一种装饰画，画面包括"具象"和"抽象"两种类型。摄影画的主题多样，根据画面的色彩和主题的内容，搭配不同风格的画框，可以用在多种风格之中。

水彩画

水彩画是用水调和透明颜料作画的一种绘画方法，简称水彩，与油画一样都属于西式绘画方法。用水彩方式绘制的装饰画，具有通透、清新的感觉。

工艺画

工艺画是指用各种材料，通过拼贴、镶嵌、彩绘等工艺，制作成的装饰画。其品种比较丰富，主要包括壁画、挂屏、屏风等艺术欣赏品。其中挂屏、屏风较适合中式风格装修，而抽象纹样的工艺壁画则非常适合简约风格。

搭配技巧

▲原木色的坐榻搭配古香古色的荷花挂屏，强化了新中式客厅的古典韵味。

画面与氛围相符合

室内装饰画的选购还是要参考房间的气氛及周围环境的格局和变化。结合主人的风格和喜好，配饰不同效果的装饰画，能表现出意想不到的意境。简约风格的居室搭配现代感强的无框画会使房间充满活力。欧式风格和古典风格的居室选择写实风格的油画（如人物肖像、风景等，最好加浮雕外框）时，则显得富丽堂皇、雍容华贵。

色彩与家具相搭配

一般现代家装风格的居室整体以白色为主，在装修时就不宜选择消极的、死气沉沉的装饰画。客厅内应尽量选择鲜亮、活泼的色调：如果室内装修色调很稳重，比如胡桃木色，就可以选择高级灰、偏艺术感的装饰画；若是明亮简洁的家具和装修，最好选择活泼、温馨、前卫、抽象类的装饰画。

▲一幅喜气洋洋的梅花工艺画把客厅的整体氛围点缀得更具艺术气息。

根据居室采光来挑选装饰画

◎ 光线不理想的房间，尽量不要选用黑白色系的装饰画或国画，因为它们会令空间显得更为阴暗。

◎ 光线强烈的房间，不要选用暖色调、色彩明亮的装饰画，因为它们会令空间失去视觉焦点。

◎ 利用照明可以使挂画更出色。例如，让一支小聚光灯直接照射装饰画，能营造出更精彩的装饰效果。

▲餐厅光线强烈时，选用冷色调的装饰画，令空间明亮而舒适。

TIPS:

应坚持宁少勿多、宁缺毋滥的原则

装饰画在一个空间环境里形成一两个视觉点即可。如果同时要安排几幅画，必须考虑它们之间的整体性，要求画面是同一艺术风格，画框是同一款式，或者相同的外框尺寸，从而使人们不会在视觉上感到散乱。

布置方法

▲两幅装饰画色彩和谐，与黄色的沙发组成了一道靓丽的风景。

对称式布置

这种布置方式最为保守，不容易出错，是最简单的墙面装饰手法。将两幅装饰画左右或上下对称悬挂，便可以达到装饰效果。而这种由两幅装饰画组成的装饰更适合面积较小的区域。需要提醒的是，这种对称挂法需采用同一系列内容的图画。

▲虽然装饰画图案不同，但是它们的色彩又相互联系，增加了客厅的时尚气息。

重复式布置

面积相对较大的墙面则可以采用重复挂法。可将三幅造型、尺寸相同的装饰画平行悬挂，作为墙面装饰。需要提醒的是，三幅装饰画的图案包括边框应尽量简约，浅色或是无框的款式更为适合。图画太过复杂或边框过于夸张的款式均不适合这种挂法，容易显得累赘。

水平线式布置

爱好摄影和旅游的人喜欢在家里布置以照片为主题的墙面，来展示自己多年来的旅行足迹。但是，如果将若干张照片镶在完全一样的相框中悬挂在墙面上，未免有点儿死板。此时，可以将相框更换成尺寸不同、造型各异的款式，然后以画框的上缘或者下缘为一条水平线进行排列。

▲水平线式布置的装饰画和沙发的长度相等，能够令空间更具平衡感。

方框线式布置

方框线挂法组合出的装饰墙看起来更加整齐。首先，需要根据墙面的情况，在脑中勾勒出一个方框形，以此为界，在方框中填入画框，可以放四幅、九幅甚至更多幅装饰画。悬挂时要确保画框都放入了构想中的方框形中，于是尺寸各异的图画便形成一个规则的方形。

▲ 方框线式布置的摄影画给人以整齐有序的感觉。

建筑结构线式布置

如果房间的层高较高，可以沿着门框和柜子的走势悬挂装饰画，这样在装饰房间的同时，还可以柔和建筑空间中的硬线条。例如，以门和家具作为设计的参考线，悬挂画框或贴上装饰贴纸。而在楼梯间，则可以以楼梯坡度为参考线悬挂一组装饰画，将此处变成艺术走廊。

▲ 楼梯处的墙面较为单调，依照台阶而设的挂画不仅装饰了墙面，而且有节节高升的寓意。

Tips:
要给墙面适当留白

选择装饰画时，首先要考虑悬挂墙面的空间大小。如果墙面有足够的空间，可以挂置一幅面积较大的装饰画；当空间较局促时，则应当考虑面积较小的装饰画，这样才不会令墙面产生压迫感，同时恰当的留白也可以提升空间品位。

工艺品 家居环境的点睛装饰

扫码看更多

软装速查

①工艺品来源于生活，又创造了高于生活的价值。在家居中运用工艺品进行装饰时，要注意不宜过多、过滥，只有摆放得当、恰到好处，才能获得良好的装饰效果。

②工艺品按其材料质地的不同可分为金属工艺品、玻璃工艺品、编织工艺品、水晶工艺品、木雕工艺品等。

③不同空间应搭配不同的工艺品。例如，书房中的工艺品应体现端丽、清雅的文化气质和风格；卧室中最好摆放柔软、体量小的工艺品作为装饰。

④视觉中心宜摆放大型的工艺品，令空间有焦点，而小型工艺品则可选择色彩艳丽的，从而活跃空间气氛。

工艺品类别

金属工艺品

金属工艺品是用金、银、铜、铁、锡等金属材料，或以金属材料为主辅以其他材料，加工制作而成的工艺品，具有厚重、雄浑、华贵、典雅、精细的特点。金属工艺品是家居装饰中常用的一种元素，也是家居装饰中一种独特的美学产物。

玻璃工艺品

玻璃工艺品是采用玻璃原料或玻璃半成品，通过手工加工而成的产品。它外表通透、多彩、纯净、莹润，可以起到反衬和活跃气氛的效果，较适合现代类的家居风格，以及具有华丽感的一些家居风格使用。

编织工艺品

编织工艺品是将植物的枝条、叶、茎、皮等加工后，用手工编织而成的工艺品。编织工艺品在原料、色彩、编织工艺等方面形成了天然、朴素、清新、简练的艺术特色。

水晶工艺品

水晶工艺品是由水晶材料制作的装饰品，具有晶莹剔透、高贵雅致的特点；具有实用价值和装饰作用。适合与现代风格及具有高雅气息的欧式风格搭配使用。

木雕工艺品

木雕工艺品是以实木为原料雕刻而成的装饰品，是匠心独具的雕刻家通过灵巧的双手加工出的，可用于装饰、装潢、美化环境、陶冶情操的艺术品，具有较高的观赏价值和收藏价值。木雕工艺品适合中式及自然类风格。

搭配技巧

小型工艺品可成为视觉焦点

小型工艺品是最容易上手的单品，在开始进行空间装饰的时候，可以先从此着手进行布置。例如，书架上除了书之外，还可陈列一些小雕塑、玩具、花瓶等饰物，看起来既严肃又活泼；在书桌、案头也可摆放一些小艺术品，以增加生活气息。

▲做旧的金属工艺品为美式客厅注入一丝古韵。

▲内嵌的筒灯可衬托出工艺品的典雅情调。

工艺品与灯光相搭配更适合

工艺品摆设要注意照明，有时可用背光或色块做背景，也可以利用射灯照明增强其展示效果。灯光颜色的不同和投射方向的变化，可以表现出工艺品的不同特质。暖色灯光能表现柔美、温馨的感觉；玻璃、水晶制品选用冷色灯光，则更能体现其晶莹剔透、纯净无瑕。

布置方法

摆放式布置

一些较大型的反映设计主题的工艺品，应放在较为突出的视觉中心的位置，以起到鲜明的装饰效果；在一些不引人注意的地方，也可放些工艺品，从而丰富居室色彩。摆放工艺品时，要注意尺度和比例，随意地填充和堆砌工艺品，会产生没有条理的感觉。

▶瓷器、鸟笼等饰品承载着中国传统文化的底蕴，摆放于客厅中能够彰显主人的高雅格调。

悬挂式布置

此种方式适合能够悬挂的工艺品，如同心结、挂画、钟表等。恰当的悬挂位置为能够增加装饰性的墙面，如装饰柜上方、沙发上方、床头背景墙等位置。小件悬挂工艺品的颜色可以艳丽些，大件的则要注意与居室环境色调的协调。

▲沙发背景墙悬挂的工艺品小巧精致，为空间带来时尚气息。

第三章
软装与家居风格

家居装修中越来越流行软装布置，

通过家具、布艺、灯具、装饰品等软装元素来实现家居风格布置，

不仅简单易行，而且为日后家居风格的改变提供了方便。

现代家居风格的种类多样，

在软装的材料、色彩、形态等方面，

需求也大相径庭，

因此，选择合适的软装，

成为了塑造家居风格的关键因素。

现代风格的软装布置 | 简洁、时尚

软装速查

①现代风格提倡突破传统、创造革新，重视功能和空间组织，造型简洁、反对多余装饰，崇尚合理的构成工艺，尊重材料的特性，讲究材料自身的质地和色彩的配置效果。

②常用软装材料有不锈钢、玻璃、珠线帘／金属帘等。

③软装色彩有黑＋白＋灰、黑色、灰色、对比色等。

④软装家具有线条简练的板式家具、造型茶几等。

⑤软装饰品有纯色或条状图案的窗帘，金属、玻璃类工艺品和带有创意色彩的几何地毯等。

⑥软装形状图案：几何结构、直线、点线面组合、方形、弧形。

软装材料

不锈钢

不锈钢具有镜面反射作用，可取得与周围环境中的各种色彩、景物交相辉映的效果，在灯光的配合下还可形成晶莹明亮的高光部分，对空间环境的装饰效果起到强化和烘托的作用，因此很符合现代风格追求创造革新的需求。

◀客厅整体色调厚重，搭配几何形状的不锈钢茶几，可令空间更具现代气息。

玻璃

玻璃的出现，让人在空灵、明朗、透彻中丰富了对现代主义风格的视觉理解。它作为一种装饰效果突出的饰材，可以塑造空间与视觉之间的丰富关系，带来明朗、透彻的现代风格家居。

▶弧形的玻璃茶几晶莹剔透，如一汪湖水点亮客厅空间。

珠线帘 / 金属帘

在现代风格的居室中可以选择珠线帘 / 金属帘来代替墙和玻璃，作为轻盈、透气的软隔断。例如，在餐厅、客厅或者玄关区域都可以采用这种似有似无的隔断，既划分了区域，又不影响采光，更能体现居室的美观。

▲点、线、面结合的金属帘泛着点点银光，令原本单调的空间更具现代气息。

TIPS：
现代风格选材更广泛

现代风格在选材上较为广泛，除了石材、木材、面砖等家居常用建材外，新型材料，如不锈钢、合金等，也经常作为室内装饰及家具设计的主要材料出现。另外，玻璃材质可以表现出现代时尚的家居氛围，因此同样受到现代风格的欢迎。

软装色彩

黑＋白＋灰

若追求冷酷和个性，全部使用黑、白、灰的配色方式会将之体现得更加淋漓尽致——根据居室的面积，选择三种色彩中的一种做主角色，另外两种搭配使用。若追求舒适及个性共存的氛围，可搭配一些大地色系（如黄灰色、褐色、土黄色等）或具有色彩偏向的灰色的布艺织物。

黑色

黑色具有神秘感，大面积使用黑色容易令人感觉阴郁、冷漠，因此可以用黑色做跳色，以单面墙或者主要家具来呈现。如果想要对比强烈的话，可以与白色搭配，塑造出强烈的视觉冲击力。

灰色

明度高的灰色具有时尚感，如浅灰、银灰等，用作大面积背景色及主角色均可；明度低的灰色则可以通过单面墙或家具来展现。总的来说，明度高的灰色比较容易搭配。

对比色

强烈的对比色可以创造出特立独行的个人风格，也可以令家居环境尽显时尚与活泼。配色时可以采用不同颜色的涂料与空间中的家具、配饰等形成对比，最终打破家居空间的单调感。

软装家具

线条简练的板式家具

板式家具简洁明快又新潮，布置灵活，价格容易选择，是家具市场的主流。而现代风格追求造型简洁的特性使板式家具成为了它的最佳搭配，其中以茶几、餐边柜及电视背景墙的装饰柜为主。

▲客厅以板式收纳柜代替了传统的电视背景墙设计，令空间的实用性更强。

造型茶几

在现代风格的客厅中，除了运用材料、色彩等技巧营造格调之外，还可以选择造型感极强的茶几作为装点客厅的元素。此种手法不仅操作简单，还能大大提升房间的现代感。

▲客厅茶几造型独特，为空间增添了时尚趣味。

软装饰品

纯色或条状图案的窗帘

　　现代风格要体现简洁、明快的特点，因此可以选择纯棉、麻、丝这些材质的窗帘，以保证窗帘能自然垂地；此外，百叶帘、卷帘也比较适合现代风格的居室。窗帘的颜色可以比较跳跃，但一定不要选择花色较多的图案，以免破坏整体家居风格，可以考虑选择条状图案。

▲银灰色的窗帘带有金属的光泽，与不锈钢茶几共同演绎现代情调。

金属、玻璃类工艺品

　　一般情况下，现代风格家居的家具总体颜色比较浅，所以工艺品应承担点缀作用。工艺品的线条较简单，设计独特，可以选用特色一点的物件，或者造型简单别致的瓷器和金属或玻璃工艺品。

◀金属造型工艺品可谓是客厅的点睛之笔，令空间变得更有格调。

带有创意色彩的几何地毯

　　在主色调较为清冷的现代风格家居中，几何地毯可以搭配羊毛地毯或波斯地毯来提升整个家居空间的档次。而在带有创意色彩的现代风格家居中，则可以利用兽皮地毯、几何地毯、不规则块地毯、反差色调地毯等，充分彰显居住者特立独行的性格。

▲几何造型的地毯色彩绚烂，把客厅点缀得更为时尚。

TIPS:

现代风格饰品需要体现时代特征

　　现代风格在装饰品的选择上较为多样化，只要是能体现出时代特征的物品皆可。例如，带有造型感的灯具、抽象而时尚的装饰画，甚至是另类的装饰物品等。装饰品的材质同样延续了硬装材质，像玻璃、金属等，均运用得十分广泛。

简约风格的软装布置 干净、明快

软装速查

①"轻装修、重装饰"是简约风格设计的精髓；而对比是简约装修中惯用的设计方式。

②常用软装材料有浅色木纹制品、棉质面料、藤艺制品等。

③软装色彩有单一色调、浅冷色调、高纯度色彩、白色等。

④软装家具有多功能家具，直线条家具，造型简洁的布艺，皮质沙发等。

⑤软装饰品有纯色地毯，无框画，艺术墙饰，花艺、绿化造景和摆件等。

⑥软装形状图案：直线、直角、大面积色块、几何图案。

软装材料

浅色木纹制品

浅色木纹制品干净、自然，尤其是原木纹材质，看上去清新典雅，能给人以返璞归真之感，和简约风格摆脱烦琐、复杂，追求简单和自然的理念非常契合。

◀浅色木纹的收纳柜带着大自然的质朴与温馨，令白色调的客厅更具生活气息。

棉质面料

　　棉质或者棉涤混纺的面料，可以打造出温馨舒适的客厅环境，因此和简约风格非常匹配。例如，简洁的纯色或条纹的布艺沙发就特别容易与简约风格的客厅相适应；为了令空间更具层次，沙发的抱枕可以选择鲜艳的色彩，以点亮空间。

▲直线型的纯棉沙发触感温暖，与几何图案的抱枕相搭配，令人如沐春风。

藤竹制品

　　藤竹制品质轻而坚韧，可以编织出各种各样具有艺术的家具。藤艺家具典雅平实、美观大方且贴近自然，具有很高的鉴赏性，能够表现出简约风格干净、通透的效果。

▶藤竹是取自天然的材质，制作成家具使用，它与墙面的大面积色块相适应，令空间更具自然气息。

软装色彩

单一色调

　　单一色调，顾名思义是指一种色彩。简约风格常常会选用一种颜色作为空间的主色调，大面积来使用，这样的色彩设计非常符合简约风格追求以简胜繁的风格理念。另外，为避免过于单调，最好有小面积的点缀色出现。

浅冷色调

　　浅冷色调包括蓝绿、蓝青、蓝、蓝紫等，一般会给人带来清爽的感觉。浅冷色调在简约风格中运用较多，不仅给人带来耳目一新的视觉感受，而且使空间显得整洁、干净。浅蓝色搭配白色或木色，可以很好地体现风格特征。

高纯度色彩

　　高纯度色彩是指在基础色中不加入或少加入中性色而得出的色彩。使用高纯度的色彩时，应合理搭配，使用一种颜色为主角色，而将其他的作为配角色和点缀色即可。此外，同一个区域最好不要使用超过三种颜色。

白色

　　用白色调呈现干净、通透的简约风格居室，是很讨巧的手法。白色不浮躁、不繁杂，可以令人的情绪很快地安定下来。主体家具都可以使用白色系，同时可搭配亮色系的抱枕或布艺织物、工艺品等作为点缀。

软装家具

多功能家具

多功能家具是一种在具备传统家具初始功能的基础上，实现其他新设功能的家具类产品，是对家具的再设计。例如，在简约风格的居室中，可以选择能用作床的沙发、具有收纳功能的茶几等，这些家具为生活提供了便利。

▲带抽屉的茶几可以收纳客厅的小物件，令客厅更为整洁。

直线条家具

简约风格在家具的选择上延续了空间的直线条，横平竖直的家具不会占用过多的空间面积，令空间看起来干净、利落，同时也十分实用。

▲沙发和茶几均选用直线条造型，摒弃了复杂的装饰，令生活更为舒适。

造型简洁的布艺、皮质沙发

简约风格的沙发适合搭配外形简洁、利落，而颜色单一的款式；不花哨的几何花纹款式也不错。材质方面，最好选择布艺沙发或者皮质沙发，沙发上的抱枕颜色可与沙发主体形成一定的对比，款式不宜超过三种，以免显得凌乱。

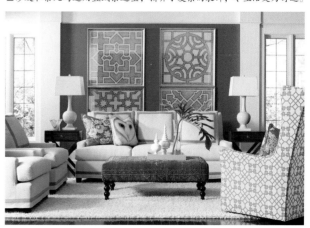

▲客厅的布艺沙发简洁大气，给人以舒适自然的感受。

软装饰品

纯色地毯

　　质地柔软的地毯常常被用于各种风格的家居装饰中。由于简约风格的家居的一个特点是追求简洁，因此在地毯的选择上，最好选择纯色地毯，这样就不用担心过于花哨的图案和色彩与整体风格冲突。而且对于每天都要看到的软装来说，纯色的也更加耐看。

▲浅灰色的地毯自然耐看，可以令家具更显精致。

无框画

　　无框画摆脱了传统画边框的束缚，具有原创画的味道，因此更符合现代人的审美观念，同时与简约风格追求简洁的观念不谋而合。

◀无框画色彩艳丽，与沙发一起形成一道靓丽的风景。

艺术墙饰

墙饰，是简约家装工程中十分重要的一个环节。简约风格墙面多以浅色单色为主，易显得单调而缺乏生气，也因此具有最大的可装饰空间，墙饰的选用成为必然。照片墙和造型各异的墙面工艺模型是最普遍和最受欢迎的。

▶精致小巧的墙饰令呆板的墙面散发出了时尚气息。

花艺、绿化造景和摆件

简约风格的装修通常色调较浅，缺乏对比度，因此可灵活布置一些靓丽的花艺、摆件作为点缀。花艺可采用浅绿色、红色、蓝色等清新明快的瓶装花卉，不可过于色彩斑斓。摆件饰品则多采用金属、瓷器材质为主的工艺品。

▲生机盎然的插花为简约风格的客厅增添活力。

中式古典风格的软装布置 古色、古香

软装速查

①布局设计严格遵循均衡对称原则。家具的选用与摆放是中式古典风格最主要的内容。

②常用软装材料有木材、中式花纹布艺丝绸等。

③软装色彩常用红色和黄色。

④软装家具有明清家具、圈椅、案类家具、榻、中式架子床、博古架等。

⑤软装饰品有宫灯、镂空类造型隔断、屏风等。

软装材料

木材

在中国古典风格的家居中，木材的使用比例非常高，而且多为重色，如黑胡桃、柚木、沙比利等，为了避免沉闷感，其他部分应该搭配浅色系，如米色、白色、浅黄色等，以减轻木质的沉闷感，从而使人觉得轻快一些。

◀古朴的棕红色雕花实木书桌，轻松彰显出古典中式的恢弘气势。

中式花纹布艺

具有中式图案的布艺织物能打造出高品质的中式唯美情调。如印有花鸟、蝴蝶、团花等传统刺绣图案的抱枕，摆放在素色沙发上就能呈现出浓郁的中国风；而色调清雅的中式花纹壁布则能成为墙面最好的装饰品，令空间更为雅致。

▶带有复古花纹的抱枕与淡雅的花朵相互映衬，在细节处体现高雅格调。

丝绸

丝绸织物质地优良、花色精美，享有"第二皮肤"的美称，广泛用于中式古典风格的居室中。例如，丝绸可用作挂帷装饰，挂置于门窗墙面等部位；也可以用作分隔室内空间的屏障；用丝绸制作的工艺品能提升环境品位。

▲尊贵的黄色丝绸抱枕令沙发更具皇家气势。

111

软装色彩

红色

红色对于中国人来说象征着吉祥、喜庆，传达着美好的寓意。在中式古典风格的家居中，这种鲜艳的颜色被广泛地用于室内软装，反映着主人对美好生活的期许。沙发套、床品、抱枕、装饰画、灯具都可以使用不同明度和纯度的红色系。

黄色

黄色系在古代作为皇家的象征，如今也广泛地用于中国古典风格的家居中；并且黄色有着金色的光芒，象征着财富和权力，是骄傲的色彩。其中以床品、沙发坐垫运用得居多。

软装家具

明清家具

明清家具同中国古代其他艺术品一样，不但具有深厚、典雅的历史文化底蕴，而且具有实用的功能，可以说在中式古典风格中，明清家具是一定要出现的元素。

圈椅

圈椅由交椅发展而来，最明显的特征是圈背连着扶手，从高到低一顺而下，坐靠时可使人的臂膀都倚着圈形的扶手，感觉十分舒适，是中国独具特色的椅子样式之一。

案类家具

案类家具形式多种多样，造型比较古朴方正。由于案类家具被赋予了一种高洁、典雅的意蕴，因此将之摆设于室内便成为了一种雅趣。案类家具是一种非常重要的传统家具，通常用在玄关处居多。

榻

榻也是中国古时常见的一种比较轻便的木质家具，狭长而较矮（也有稍大而宽的卧榻），可坐可卧，材质多种，普通硬木和紫檀黄花梨等名贵木料皆可制作，也可加藤或其他材质的榻面。

中式架子床

中式架子床为汉族卧具，是一种在床身上架置四柱或四杆的床，式样颇多，结构精巧且装饰华美。其上装饰多以历史故事、民间传说、花马山水等为题材，含和谐、平安、吉祥、多福、多子等寓意。

▲雕花架子床搭配帐幔，令人在睡觉时更有安全感。

博古架

博古架是用于在室内陈列古玩珍宝的多层木架，是类似书架的一种木器。博古架或倚墙而立、装点居室，或隔断空间、充当屏障，还有陈设各种古玩器物的用途，能够点缀空间、美化居室。

▲精雕细琢的实木博古架能够展现出中国古代文人的尊贵与高雅。

软装饰品

扫码看更多

宫灯

宫灯是中国彩灯中富有特色的汉族传统手工艺品之一，主要是指以细木为骨架，镶以绢纱和玻璃，并在外绘以各种图案的彩绘灯。它充满宫廷的气派，可以令中式古典风格的家居显得雍容华贵。

◀雕梁画栋的古典客厅搭配淡黄色的客灯，突显出居室喜庆的气氛。

镂空类造型隔断

镂空类造型（如窗棂、花格等）可谓是中式风格的灵魂，常用的有回字纹、冰裂纹等。中式风格的居室中这些元素随处可见（运用于墙面、门窗等处作为装饰，也可以设计成屏风），具有丰富的层次感，能为居室增添古典韵味。

▶用镂空的月亮门代替传统的推拉门，为书房增添了清雅的气息。

屏风

很多户型由于面积不足限制了屏风的使用，其实稍做改变，屏风就可以只作为装饰元素使用。例如，在中式风格的客厅中，可以在墙面铺贴单色或者暗纹的壁纸，或喷涂乳胶漆，然后将喜欢的屏风放在墙与沙发之间，一个具有特点的沙发背景就展现出来了；此外，还可以将屏风作为装饰品置于家中，不仅可以随时移动，还能体现居室高雅的氛围。

▲简约的屏风家具可以起到装饰作用，免去了制作沙发背景墙的烦恼。

新中式风格的软装布置 沉稳、大气

软装材料

实木

新中式风格讲究实木本身的纹理与现代先进工艺材料的结合，不再强调大面积的设计与使用，如回字形吊顶一圈细长的实木线条，或客厅沙发选用布艺或皮质而茶几采用木质等。

◀客厅实木保留了木材的原有质感和色彩，组织空间的同时也装点了室内环境。

玻璃

　　新中式风格除了大量运用实木之外，有时也会搭配使用玻璃，可以很好地提升空间亮度及增大视觉空间。例如，可以在实木家具上摆放玻璃饰品，使玻璃与木材的刚柔质感良好地融合在一起。

▲棕色调的实木家具与晶莹剔透的玻璃台灯相结合，增加了空间的雅致感。

藤竹材质

　　竹，在中国是一种拥有深厚文化底蕴的植物，它不仅被古人赋予了丰富的文化内涵，在现代更是一种常见的家具材料。藤竹家具最大限度地保留了天然的纹理、质感和竹节的结棱结构，令新中式风格更贴近自然。

▶天然的藤竹坐凳既可以增强空间古朴气息，又不至于令过道过于局促。

软装色彩

无色系 + 棕色

新中式讲究的是自然和谐的色彩搭配，经典的配色是以黑、白、灰色和棕色为基调的，在这些主色的基础上可以用古时皇家住宅中常见的红、黄、蓝、绿等色做局部装饰。

无色系 + 蓝色 / 绿色

新中式风格强调自然舒适性。以经典的无色系为主色可强化新中式风格的自然感和厚重感，为居室奠定温馨、舒适的氛围。与此同时，加入蓝色与绿色作为点缀色使用，可令古雅的新中式风格更为清新。

棕红色 + 蓝色 / 绿色

棕红色沉稳高雅，与对比色绿色或蓝色相搭配可以令新中式的客厅呈现丰富的文化底蕴。这种搭配适用于喜爱中式风格，但希望空间不单调的人群。可以将棕红色作为主体家具的色彩，然后搭配绿色的挂画和工艺品。

黄色系

黄色系在古代是皇家的象征，如今也已广泛用于中国古典风格的家居装饰中。与传统中式风格不同的是，黄色系不能运用过多，否则会令人感到压抑。通常以挂画、沙发抱枕、地毯、沙发坐垫运用得居多。

软装家具

线条简练的中式家具

除了古典的明清家具，在新中式风格的客厅中还可以通过对传统文化的理解和提炼，将现代元素与传统元素相结合，以现代人的审美需求来打造富有传统韵味的空间。因此在现代中式风格的家居中，线条简单的中式家具既体现了中式风格所遵循的传统美感，又加入了现代简洁生活的理念。

▲简约化的沙发与圈椅搭配淡雅的蓝绿色系，令新中式的客厅呈现出清幽雅致的韵味。

现代家具与传统家具组合

现代家具与传统家具的组合运用，也能弱化传统中式风格带来的沉闷感，使新中式风格与古典中式风格得到有效的区分。另外，现代家具所具备的时代感与舒适度，也能为居住者带来惬意的生活感受。

▶布艺沙发搭配中国古典的圈椅，令客厅既具有现代的舒适又增添了古典的儒雅味道。

119

软装饰品

▲客厅的仿古灯透着淡淡的黄色光芒，把空间映衬得更加幽静。

中式仿古灯

中式仿古灯更强调古典和传统文化神韵的再现，装饰多以镂空或雕刻的木材、半透明的纱、黑色铁艺、玻璃为主，图案多为清明上河图、如意图、龙凤等中式元素，宁静而古朴。

茶具

饮茶是中国人喜爱的一种生活形式，在新中式家居中摆放茶具，可以传递雅致的生活态度。同时，选购的整套茶具要和居室的氛围相和谐，容积和重量的比例要恰当。

▲古典的瓷质茶具与优雅的兰花是绝佳的组合，能够表现出居室主人的清雅格调。

▲蓝色的瓷器与水墨的挂画相结合，令原本单调的空间更具韵味。

瓷器

在新中式风格的家居中，摆上几件瓷器装饰品，可以令家居环境的韵味十足，也可将中国文化的精髓满溢于整个居室空间。

带有中式花卉图案的装饰品

中式花卉图案常借用植物的某些生态特征，赞颂人类崇高的情操和品行。例如，"梅"耐寒，寓意人应不畏强暴、不怕困难；"莲"象征高格、清廉的品质；"牡丹"则拥有着富贵的寓意。将带有这些元素的装饰品用于家居中，可以使中式古典思想得以延续与传承。

▶淡黄色的灯罩点缀着喜庆的花鸟图案，于细微处提升了居室的典雅格调。

▲蓝色的挂画与红棕色的墙面形成鲜明的对比，为暖色调的客厅带来一股清新味道。

TIPS:
新中式风格适合搭配清浅淡雅的饰品

新中式家居中的装饰品既要能体现出中式韵味，又不宜在造型上过于烦琐。因此，仿古灯、青花瓷等装饰较为适用。另外，装饰品的色彩不宜过于浓重，尤其是大体量的装饰物；清浅淡雅的装饰物，则可以很好地与新中式风格相协调。

欧式古典风格的软装布置 雍容、华贵

软装速查

①欧洲古典风格在空间上追求连续性，以及形体的变化和层次感，具有很强的文化韵味和历史内涵。

②常用软装材料有雕花实木、软包、天鹅绒等。

③软装色彩有红棕色系、黄色系、青蓝色系等。

④软装家具有兽腿家具、欧式四柱床、贵妃沙发床等。

⑤软装饰品有水晶吊灯、罗马帘、西洋画、雕像、铁艺枝灯等。

⑥软装形状图案有藻井式吊顶、花纹石膏线、欧式拱门。

软装材料

雕花实木

欧式古典风格的家具以雕花实木为主，常用的材料有橡木、桃花心木、胡桃木、蟹木楝等名贵材质，能够完美体现欧美家具厚重耐用的特质。雕刻部分采用圆雕、浮雕或是透雕，尊贵典雅，融入了浓厚的欧洲古典文化。

▲黄色的大理石罗马柱与雕花实木碰撞，在无形中展现出高贵的气息。

软包

软包是指一种在表面用柔性材料加以包装的装饰方法，所使用的材料质地柔软，造型很立体，能够柔化整体空间的氛围，一般可用于家具中的沙发、椅子、床头等位置。软包的纵深立体感亦能提升家居档次，因此也是欧式古典家居中常用到的装饰材料。

▲棕色的软包真皮沙发与顶面的藻井式吊顶属同色系，展现出古典欧式的奢华。

天鹅绒

天鹅绒是以绒经在织物表面构成绒圈或绒毛的丝织物名。它材质细密、高贵华丽，与欧式古典风格非常契合，因此常用作欧式古典风格的沙发套、床品、窗帘、桌旗等。

▶淡绿色天鹅绒沙发舒适温暖，可与罗马帘形成天然搭配，顶面的花纹石膏线亦为客厅增添层次。

软装色彩

红棕色系

　　欧式古典家具和护墙板多为红棕色系，此种色系具有浓郁的古典感，若搭配白色或浅色系软垫，能够弱化沉闷感，而搭配金色的边框则能增加华丽感。

黄色系

　　在色彩上，欧式古典风格经常运用明黄、金色等古典常用色来渲染空间氛围，可以营造出富丽堂皇的效果，表现出古典欧式风格的华贵气质。床上用品、布艺织物及装饰画等都可以使用黄色系搭配木质家具。

青蓝色系

　　青色、蓝色为冷色系，搭配红棕色系的家具，能够令空间色彩更加和谐、自然。这种配色方式融合了舒适与清新感，适合喜爱欧式古典风格的华贵，但又喜欢清新色调的人群。

TIPS：
欧式古典风格色彩强调气派和复古韵味

　　欧式古典风格擅于运用金色、红棕色和银色以呈现居室的气派与复古韵味，装饰上以红蓝、红绿及粉蓝、粉绿、粉黄，饰以金银饰线为色调关系。欧式古典风格比较注重背景色调，由墙纸、地毯、帘幔等装饰织物组成的背景色调对控制室内整体效果起了决定性的作用。

软装家具

兽腿家具

欧式古典风格的家居中，往往会选择兽腿家具。其繁复流畅的雕花，可以增强家具的流动感，也可以令家居环境更具质感，更表达了一种对古典艺术美的崇拜与尊敬。

▲兽腿家具用材考究、形态大气，与沙发背景墙的拱门造型共同彰显古典欧式的气魄之感。

欧式四柱床

四柱床起源于古代欧洲贵族（他们为了保护自己的隐私，便在床的四角支上柱子，挂上床幔），后来逐步演变成利用柱子的材质和工艺来展示主人的财富。因此，在欧式古典风格的卧室中，四柱床的运用非常广泛。

▲欧式四柱床优雅高贵，能彰显出居室主人的生活格调。

贵妃沙发床

贵妃沙发床有着优美玲珑的曲线，沙发靠背弯曲，靠背和扶手浑然一体，可以用靠垫坐着，也可把脚放上斜躺。将这种家具运用于欧式家居中，可以传达出奢美、华贵的宫廷气息。

▲可卧可躺的贵妃沙发床放在客厅或是卧室的角落，既优雅又舒适。

水晶吊灯

在欧式古典风格的家居空间里，灯饰设计应选择具有西方风情的造型，比如水晶吊灯。这种吊灯能给人以奢华、高贵的感觉，很好地传承了西方文化的底蕴。

◀奢华的水晶灯适合放在这种挑空高的客厅中，用来打造居室的华贵气息。

罗马帘

罗马帘是窗帘装饰中的一种，其特点是在面料中贯穿横竿，使面料质地显得硬挺，充分发挥了面料的质感。罗马帘的种类很多，其中欧式古典罗马帘自中间向左右分出两条大的波浪形线条，是一种富于浪漫色彩的款式，装饰效果非常华丽，可以为家居增添一分高雅古朴之美。

▲罗马帘特有的大波浪线条为空荡的大卧室增添了层次感。

西洋画

在欧式古典风格的家居空间里，可以选择用西洋画来装饰空间。西洋画以油画为主，特点是颜料色彩丰富鲜艳，能够充分表现物体的质感，使描绘对象显得逼真可信，具有很强的艺术表现力。西洋画可以营造出浓郁的艺术氛围，表现出业主的文化涵养。

▶西洋画色彩绚烂，人物形态生动，与古典欧式客厅相得益彰。

雕像

欧洲雕像有很多著名的雕像作品被广泛地运用于欧式古典风格的家居中，体现出一种文化与传承。代表性作品主要有古希腊雕刻、古罗马雕刻、中世纪雕刻、文艺复兴时期雕刻和 18 世纪雕刻。

▶楼梯口处摆放两个石膏雕像更能彰显欧式客厅的尊贵感。

铁艺枝灯

铁艺枝灯是奢华典雅的代名词，源自欧洲古典风格艺术。在欧式的家居风格中运用铁艺枝灯进行装饰，可以体现出居住者优雅隽永的气度。

▶铁艺枝灯没有水晶灯的繁复感，适合空间较小的客厅使用。

新欧式风格的软装布置 低调、唯美

软装速查

①新欧式风格（也称"简欧风格"）不再追求表面的奢华和美感，而是更多地解决人们生活中遇到的实际问题，极力让厚重的欧式家居体现一种别样奢华的"简约风格"。

②常用软装材料有欧式花纹布艺织物、镜面玻璃、大理石等。

③软装色彩有金属色、淡雅色调、暗红色系／棕色系、无色系等。

④软装家具有线条简化的复古家具、猫脚家具、高靠背扶手椅、描金漆家具等。

⑤软装饰品有欧风茶具、帐幔等。

⑥软装形状图案有波状线条、欧式花纹、装饰线、对称布局、雕花。

软装材料

欧式花纹布艺织物

新欧式风格软装中一般选用带有传统欧式花纹的布艺织物，欧式花纹独特的典雅气质能与欧式家具相得益彰，把新欧式风格的唯美气质发挥得淋漓尽致。

◀淡绿色的欧式花纹抱枕与客厅的白色调非常契合，令居室呈现出春天般的生气。

镜面玻璃

　　新欧式风格摒弃了古典欧式的沉闷色彩，在家具上大量运用了合金材质、镜面技术，营造出了一种冰清玉洁的居室质感。另外，除了有较强的装饰时代感外，镜面玻璃的反射效果能够从视觉上增大空间，令空间更加明亮、通透。

▲以镜面玻璃工艺品与各色的仿大理石点缀客厅，令空间彰显出低调、奢华的风情。

大理石

　　大理石的色彩斑斓，色调多样，花纹无一相同，可以轻松凸显简欧风格华丽、奢华的特点，是打造简欧风格的不二选择。在简欧风格的客厅中，大理石通常用于各类家具台面和各类工艺品。其中，黄色系的大理石运用最多。

▶大理石家具色泽光亮且便于打理，比传统的木质家具更加耐用。

软装色彩

金属色

简欧风格典型的色彩搭配便是金属色与黑色、白色的组合，鲜明的黑色、白色配以金、银、铁的金属器皿和描金家具，将黑、白与金不同程度的对比与组合发挥到了极致，能够彰显出独特的贵族气质。

淡雅色调

简欧风格常常选用白色或象牙白做底色，再糅合一些淡雅的色调，力求呈现出一种开放、宽容的非凡气度。这样的素洁色彩会使居室体现出干净、雅致的空间氛围。

暗红色系 / 棕色系

以暗红色系 / 棕色系为主，少量地糅合白色、米黄色的家具作为配角色，同时加入绿色植物、彩色装饰画或者金色、银色的小饰品来调节氛围，可以令人很强烈地感受欧式传统的文化底蕴。

无色系

黑色、白色加灰色作为经典组合色，用来布置简欧风格的客厅可以令人眼前一亮。要注意的是，以黑、白、灰塑造简欧风格时一定要搭配具有风格造型特点的家具，否则容易变成现代风格。

软装家具

猫脚家具

在简欧风格的客厅中，可以利用扭曲形的猫腿家具来代替方木腿家具。这种形式打破了历史上家具的稳定感，会使人产生家具各部分都处于运动之中的错觉。这种带有夸张效果的运动感，很符合贵族们的口味，因此很快成为一种潮流，在简欧家居中也得到运用。

▲猫脚家具复古优雅，突破了传统家具死板的线条感，令空间更显高贵。

线条简化的复古家具

简欧风格的家具在古典家具设计师求新求变的过程中应运而生，是一种将古典风范与个人的独特风格和现代精神结合起来，从而改良出的一种线条简化的复古家具。这种摒弃复杂的肌理和装饰的方式令复古家具呈现出了多姿多彩的面貌。

▲淡蓝色的欧式家具线条简练、形态优美，打破了空间的沉寂。

高靠背扶手椅

在简欧客厅中高靠背扶手椅的运用广泛，既有扶手布满精美浮雕纹样的样式，也有简洁的布艺或皮质包裹而出的样式，但是无论何种样式都能将简欧风格的客厅渲染出浓郁的华贵情调，同时也能为居住者带来惬意的生活感受。

▲扶手椅以金色和淡紫色相组合，呈现出唯美的情调。

描金漆家具

描金漆家具可分为黑漆理描金、红漆理描金、紫漆描金等。黑色漆地或红色漆地与金色的花纹相衬托，具有异常纤秀典雅的造型风格，是新欧式风格家居中经常用到的家具类型。

◀家具的边缘以金色为点缀，可以彰显出欧式风格精雕细琢的精致。

软装饰品

欧风茶具

欧风茶具不同于中式茶具的素雅、质朴，而是呈现出华丽、圆润的体态，用于欧式风格的家居时不仅可以提升空间的美感，而且闲暇时光还可以用此喝一杯香浓的下午茶，可谓将实用与装饰结合得恰到好处。

▲白色描金的茶具彰显出居室主人的典雅气质。

帐幔

帐幔具有很好的装饰效果，因此在新欧式风格的卧室中得到了广泛运用。这一装饰元素不仅可以为居室带来浪漫、优雅的氛围，放下来时还会形成一个闭合或半闭合的空间，形成神秘感。

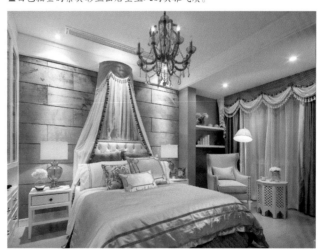

▲白色的纱幔辅以淡淡的灯光，为卧室平添了一份唯美的情调。

TIPS:
新欧式风格形状与图案以轻盈优美为主

新欧式风格的家居精练、简朴、雅致，无论是家具还是工艺品都做工讲究，装饰文雅，曲线少，平直表面多，显得更加轻盈优美；在这种风格的家居中采用的装饰图案一般为玫瑰、水果、叶形、火炬等。

美式乡村风格的软装布置 自然、舒适

软装速查

①美式乡村风格摒弃烦琐和豪华，以舒适为向导，强调"回归自然"。

②常用软装材料有大花布艺、做旧的实木材料、亚麻制品等。

③软装色彩有棕色系、褐色系、米色系、红色+绿色等。

④软装家具有粗犷的木家具、花色繁复的布艺家具、皮沙发等。

⑤软装饰品有鹰形图案/鸟虫鱼图案饰品、自然风光的油画、大型盆栽、铁艺灯等。

⑥软装形状图案有鹰形图案、人字形吊顶、藻井式吊顶、浅浮雕、圆润的线条（拱门）。

软装材料

大花布艺

美式乡村风格布艺织物非常重视生活的自然舒适性，格调清婉惬意，外观雅致休闲，其图案多以形状较大的花卉为主，神态生动逼真。

◀华美的大花布艺沙发，搭配原木色的家具，令空间呈现出自然的暖调。

做旧的实木材料

美式乡村风格的家具主要使用可就地取材的松木、枫木，不加雕饰，在保有木材原始的纹理和质感的同时，还刻意添上仿古的瘢痕和虫蛀的痕迹，从而创造出一种古朴的质感，展现美式乡村风格的原始粗犷。

▲粗犷的实木家具配上藻井式吊顶，打破了繁华都市的喧闹，给人以自然的安逸。

亚麻制品

亚麻纤维是世界上最古老的纺织纤维。由亚麻纤维制成的织物具有古朴气息，能够营造出一种粗糙简朴的感觉，与美式乡村风格非常契合。亚麻制品在美式乡村风格中多用作窗帘、沙发套和床上用品。

▲朴实的亚麻制品搭配圆润线条的实木家具，这种舒服惬意的组合，令人倍感温馨。

软装色彩

棕色系

棕色常被联想到泥土的自然和简朴，能给人可靠、有益健康的感觉。以棕色系为主的美式乡村风格，与白色、米黄色等浅色调布艺织物搭配，能够体现出一种历史感和厚重感。

褐色系

褐色系效果类似棕色系，但是没有棕色系沉闷。以褐色为主的美式乡村风格沉稳大气，但厚重感有所降低。通常地毯、窗帘、床上用品、挂画等都可以使用褐色系，搭配黄色或红色的工艺品，可以作为点缀使用。

米色系

米色是比较柔和的色彩，与前两种相比更为清爽、素雅，以米色系为主的色彩搭配具有质朴感，同时最好选用色彩浓郁的工艺品作为跳色，会令空间更具层次感。

红色 + 绿色

红色和绿色是一对强烈的对比色，在美式乡村风格中作为主色使用时，应该选用明度和纯度较低的色调，这样可以降低视觉上的刺激度，令两种色彩更为融洽。从而营造出居室的质朴感和活泼感。

软装家具

粗犷的木家具

　　美式乡村风格的家具体型庞大，具有较高的实用性，实木材料常雕刻有复杂的花纹造型，然后有意地给实木的漆面做旧，产生古朴的质感。

▶粗犷的实木家具质地厚重与藻井式吊顶搭配，活跃了空间氛围，暖暖的色调融化了人的心灵。

花色繁复的布艺家具

　　布艺是乡村风格中非常重要的一种装饰元素，本色的棉麻是主流。布艺的天然感与乡村风格能很好地协调，各种繁复的花卉植物、靓丽的异域风情和鲜活的鸟虫鱼图案很受欢迎，非常舒适和随意。

▶明艳的大花布艺沙发无论材质还是色泽，都与空间的整体基调融合得恰到好处。

皮沙发

　　皮沙发具有一种独特的魅力，这种魅力来源于它具有自然纹路的外观和舒适的质感，并且越旧越好看。皮质特有的耐磨性和天然透气性，使它成为了美式乡村风格的宠儿，与做旧的木茶几相搭配，能够营造出一种自然的舒适感。

▶棕红色的真皮沙发柔软舒适，为空间注入了温暖的气息。

软装饰品

鹰形图案 / 鸟虫鱼图案饰品

　　白头鹰是美国的国鸟，代表着勇猛、力量和胜利。在美式乡村风格的家居中，这一象征爱国主义的图案被广泛地运用于装饰中（比如鹰形工艺品，或者在家具及墙面上体现这一元素）。另外，在美式乡村风格的家居中也常常出现鸟虫鱼图案，体现出浓郁的自然风情。

◀花鸟图案的装饰画不但不显烦琐，反而将居室的生机与活力衬托得淋漓尽致。

自然风光的油画

　　在美式乡村风格的家居中，多会选择一些自然风光的大幅油画来装点墙面。其色彩的明暗对比可以产生空间感，适合美式乡村风格家居追求阔达空间的需求。

▲ 自然风光的油画无疑是客厅的点睛之笔，能够令人在繁华的都市感受到大自然的温馨。

大型盆栽

美式乡村风格的家居配饰多样，非常重视生活的自然舒适性，格调清婉惬意，外观雅致休闲。其中，各类大型的绿色盆栽是美式乡村风格中非常重要的装饰元素。美式乡村风格非常善于设置室内绿化，从而创造自然、简朴、高雅的氛围。

▲缤纷的色彩与茂盛的大型盆栽，令人联想到夏日里那明媚的阳光。

铁艺灯

铁艺灯的主体是由铁和树脂两部分组成的，铁制的骨架能使它的稳定性更好，树脂则能使它的造型塑造更多样化。铁艺灯的色调以暖色调为主，这样就能散发出一种温馨、柔和的光线，更能衬托出美式乡村风格家居的自然与拙朴。

▶具有复古气息的铁艺灯具，搭配实木家具，令客厅展现出勃勃的生机。

欧式田园风格的软装布置 天然、有氧

软装速查

①重视对自然的表现是田园风格的主要特点，同时它又强调浪漫与现代流行主义。

②常用软装材料有天然材料、大花／碎花布艺、木材等。

③软装色彩有绿色＋白色、粉色＋绿色、黄色＋绿色等明媚的颜色。

④软装家具有象牙白家具、布艺沙发等。

⑤软装饰品有田园吊扇灯、蕾丝布艺灯罩、带有花草图案的地毯、自然工艺品、小体量插花等。

⑥软装形状图案：碎花、花边、波点、花草图案。

软装材料

天然材料

欧式田园风格的家居多用木料、石材等天然材料进行装饰。这些自然界原来就有的，未经加工或基本不加工就可直接使用的材料，其原始自然感可以充分体现出田园的清新淡雅。

◀未经雕琢的实木家具带着自然的痕迹，将空间的俏皮感展现得淋漓尽致。

大花 / 碎花布艺

在欧式田园风格中，带有花卉图案的布艺织物十分受欢迎。无论是大花图案，还是碎花图案，都可以很好地诠释出欧式田园风格的特征，即可以营造出一种浓郁的自然气息。

▶ 鲜艳的色彩总能给人甜蜜的心情，淡紫色碎花图案布艺沙发充满了生机活力。

木材

田园风格的家居中采用的木材多为胡桃木、橡木、樱桃木、榉木、桃花心木、楸木等木种。一般的设计都会保留木材原有的自然纹路，然后在此基础上将家具粉刷成奶白色，从而使整体感觉更为优雅细腻。

▲ 带有花边的床品与象牙白的家具的组合搭配，让空间呈现出一片春日的靓丽气息。

软装色彩

绿色 + 白色

　　绿色和大自然与植物紧密相关，可与白色组成一种充满素雅感和生机感的搭配方式，非常适合面积较小的空间使用。田园风格的家具最好以白色为主，绿色则可作为家具的配色运用于抱枕、单个座椅、床上用品等部位。

粉色 + 绿色

　　粉色是一种很时尚的颜色，绿色和粉色相搭配能构建出天真、甜美的氛围（若同时搭配白色，则具有唯美感）。需要注意的是，两者一定要分清主次，若布艺织物以粉色为主，则作为点缀的工艺品可以使用绿色。

黄色 + 绿色

　　黄色与绿色的搭配象征着阳光和草地，能够塑造出令人心旷神怡的田园氛围。设计中可以采用以黄色为背景色、绿色为主体色的搭配方式，同时要注意主体色的纯度可适当降低，令整个色调更加和谐、稳定。

TIPS:
欧式田园风格色彩取材于自然

　　欧式田园风格的软装色彩常从大自然中汲取灵感，树木、河水、蓝天，甚至是草原，带有清凉的意境，可以展示大自然的魅力；与白色搭配则给人一种生机盎然的感觉。

软装家具

象牙白家具

象牙白可以给人带来纯净、典雅、高贵的感觉，也拥有着田园风光那种清新自然之感，因此很受田园风格的喜爱。而象牙白家具往往显得质地轻盈，在灯光的笼罩下更显柔和、温情，很有大家闺秀的感觉。

▲简约的波点图案布艺织物可爱清雅，搭配象牙白家具则恰到好处地点缀出女儿房的生气。

布艺沙发

布艺沙发（大多是布面的）在欧式田园风格家居中占据着不可或缺的地位，具有色彩秀丽、线条优美的特点；柔美是其主流，但是很简洁。布艺沙发注重面布的配色与对称之美，越是浓烈的花卉图案或条纹，越能展现田园味道。

▲粉色的碎花布艺沙发带来明媚、阳光的空间氛围，搭配花草图案的地毯凸显出了田园风格的热情。

软装饰品

田园吊扇灯

　　田园吊扇灯是灯和吊扇的完美结合，既具有灯的装饰性，又具吊扇的实用性，可以将古典和现代完美体现，是田园风格的家居中非常常见的灯具装饰。

◀田园吊扇灯形态独具特色，令白色的平顶散发出优雅的格调。

蕾丝布艺灯罩

　　田园风格居室中的灯具可以继续沿用碎花装饰，其中蕾丝布艺灯罩的运用，仿佛为居室吹来了丝丝乡村田园风，给人以温馨和舒适之感。这样的灯罩不仅可以按自己的心意选购，也可以自己准备喜欢的花布纯手工打造。

▲蕾丝台灯与白色复古梳妆台的搭配，令卧室呈现出典雅的女性气质。

带有花草图案的地毯

　　田园风格地毯的图案也常以花草为主，无论是繁复的大花图案，还是雅致的碎花图案，均可为居室增添柔美气息。另外，自然材质的地毯，属于低碳环保的绿色材料，不仅能带给人舒适的脚感，而且可以为家居空间带来清新自然、健康环保的生活气息。

▶精致的小型花卉图案地毯为田园风的客厅增添了柔美的气息。

自然工艺品

　　打造田园风格的家居氛围，并非要彻头彻尾地通室装饰，一两件极具田园气质的工艺品，就能塑造出别样情怀。如石头、树枝、藤等，一切皆源于自然，可以不动声色地发挥出自然的魔力。

▶自然形态的树枝工艺品非常适合搭配做旧的木制家具，令客厅更具自然气息。

小体量插花

　　在田园风格的家居中，插花一般采用小体量的花卉，如薰衣草、雏菊、玫瑰等，这些花卉色彩鲜艳，能够给人以轻松活泼、生机盎然的感受。另外，田园家居中经常会利用图案柔美浪漫、器形古朴大气的各式花器配合花卉来装点居室。

▶各色的小型花卉如同黑夜中的点点星光，照亮了客厅的沉寂。

地中海风格的软装布置 天然、有氧

软装速查

①地中海风格家居的装修设计不需要太过烦琐，只要保持简单的意念，捕捉光线、取材大自然，大胆而自由地运用色彩、样式即可。

②常用软装材料有马赛克、做旧实木、铁艺等。

③软装色彩有蓝色＋白色、蓝色＋米色、土黄色＋红褐色、黄色＋橙色＋绿色等。

④软装家具有白漆四柱床、布艺沙发、船形家具等。

⑤软装饰品有海洋风窗帘，地中海拱形窗，贝壳／海星，船、船锚、救生圈等装饰。

⑥软装形状图案有拱形、条纹、格子纹、不修边幅的线条。

软装材料

马赛克

马赛克小巧玲珑、色彩斑斓，能给居室带来勃勃生机。马赛克是凸显地中海气质的一大法宝，能够令空间更加雅致，可用作家具、挂画或手工艺品的装饰。

◀蓝色的马赛克餐桌与暖色的仿古砖形成了强烈的对比效果，令餐厅色调更加平衡。

做旧实木

这类实木通常涂刷天蓝色、白色的木器漆，采用经做旧处理的工艺造型。客厅的茶几、餐厅的餐桌椅以及各个空间的柜体等家具，都可以使用做旧实木，以烘托地中海风格的自然气息。

▲做旧的实木五斗柜带着海风吹拂的痕迹，令餐厅展现出自然的味道。

铁艺

铁艺制品有着古朴、典雅、粗犷的艺术风格。无论是铁艺烛台，还是铁艺花器、铁艺家具等，都可以成为地中海风格家居中独特的美学产物。

▶铁艺与羊皮结合的座椅原始而粗犷，成为客厅装饰的点睛之笔。

软装色彩

蓝色 + 白色

蓝色与白色搭配，是地中海风格家居中最经典的配色，不论是蓝色门窗搭配白色墙面的硬装修，还是蓝白相间的家具及装饰物等软装饰，如此干净的色调无不将家居氛围体现得雅致而清新。

蓝色 + 米色

将蓝、白组合中的白色替换为米色，可在清新感中增添一丝柔和，令居室不那么冰冷。家具、窗帘、地毯等，都可以采用蓝色和米色相搭配的色彩。

土黄色 + 红褐色

这是北非特有的沙漠、岩石、泥、沙等天然景观颜色，辅以北非土生植物的深红色、靛蓝色，再加上黄铜，即可构成地中海风格的一种如同大地般浩瀚的感觉。一般可采用红褐色的主体家具，搭配土黄色的地毯、窗帘、灯饰等软装。

黄色 + 橙色 + 绿色

取材于大自然中的向日葵与浪漫的薰衣草花田相结合，金黄与橙紫的花卉与绿叶相映，形成了一种别有情趣的色彩组合。这种配色方式可以表现为橙色的主体家具，绿色的背景，以及黄色的饰品。

软装家具

白漆四柱床

双人床通体刷白色木器漆，床的四角分别凸出四个造型圆润的圆柱，这便是典型的地中海风格的双人床。这类双人床精致、美观，可以表现出地中海风格不受拘束、向往自然的情怀。

▲白漆四柱床可带来干净、幽雅的空间氛围，令卧室更具海洋的格调。

布艺沙发

布艺沙发天然的材质可以令居室传递出自然、质朴的感觉。在地中海风格的家居中，条纹布艺沙发、方格布艺沙发都能令居室呈现出清爽、干净的格调，仿佛地中海吹来的微风一样，令人心旷神怡；另外，具有田园风情的花朵纹样的布艺沙发，也是地中海风格可以考虑的对象。

▲粉色的条纹沙发，蓝色的拱形窗，还有娇艳欲滴的花卉盆景，将地中海的氛围打造得淋漓尽致。

船形家具

船形的家具是最能体现出地中海风格的元素之一，其独特的造型既能为家中增加一分新意，也能令人体验到来自地中海岸的海洋风情。在家中摆放这样的一个船形家具，浓浓的地中海风情呼之欲出。

▲做旧的船形家具给居室带来别样的海洋气息。

软装饰品

海洋风窗帘

地中海风格的窗帘色彩以明快的蓝色、白色和黄色为主，窗帘的纹理不必过于花哨，常以简洁、素雅的样式烘托空间内的家具、墙面的造型与装饰品等。

▲蓝白相间的窗帘与蓝色的家具相映衬，来自视觉的冲击力让屋子的气氛顿时变得充满活力。

地中海拱形窗

地中海风格中的拱形窗在色彩上一般采用经典的蓝白色。此外，镂空的铁艺拱形窗也能很好地呈现出地中海风情。

◀墙面明亮淡雅的蓝色拱形窗具有纯真的气息，与白色的电视柜搭配则可形成童话氛围。

贝壳 / 海星

由于地中海家居带有浓郁的海洋风情，因此在软装布置中，当然不会缺少贝壳、海星这类装饰元素，这些身姿小巧的装饰物在细节处为地中海风格的家居增加了活跃、灵动的气氛。

▶将海星装饰于墙面上，令人仿佛置身于海边，有一股海风夹杂着花的香气席卷而来；格子条纹的布艺更凸显出海洋的味道。

船、船锚、救生圈等装饰

船、船锚、救生圈等小装饰也是地中海家居钟爱的装饰元素，将它们摆放在家居空间中的角落，能够在尽显新意的同时，将地中海风情渲染得淋漓尽致。

▲蓝白相间的救生圈与地中海拱形窗共同营造出清新的氛围，令人仿佛置身于一片碧海之中，配以不修边幅的线条感令居住更为舒适。

TIPS:
清新的床品与地中海风格更匹配

地中海风格的主要特点是带给人轻松的、自然的居室氛围，因此床品的材质通常采用丝绸制品，并搭配轻快的地中海经典色，使卧室看起来有一股清凉的气息，恰似迎面缓缓扑来的微凉海风。

第四章
软装与家居空间

在家居空间里，每件家具和饰品都有自己的作用，

当它存在于一个特定的空间里时，

它的尺寸大小和色彩材质就与空间发生了必然的联系，

成为了整体的一个部分。

因此家具和饰品的搭配需要根据空间的不同而遵循

一些原则和技巧，

否则很容易出现杂乱无章的状况。

客厅的软装布置 通透、协调

扫码看更多

软装速查

①客厅的风格可以通过多种手法来实现，其中较为关键的一环是后期配饰，可以通过家具、灯具、工艺品等的不同运用来表现客厅的不同风格，突出空间感。

②客厅最好购买配套家具，以达到家具大小、颜色、风格的和谐统一。家具与其他设备及装饰物也应统一风格，从而有机地结合在一起。

③客厅中的常用布艺织物，主要包括窗帘、地毯、沙发及抱枕。客厅布艺织物在选择时，应注意层次与装饰性，还要考虑与居住者身份的协调。

④在客厅中摆置灵动且富有情调的装饰物，能彰显出居住者的个性与品位。一般客厅工艺品的摆放以少而精为佳；客厅光线不好时，应尽量培养一些对光照要求不高的花卉。

家具搭配

客厅家具的大小和数量应与居室空间相协调

空间面积较大的客厅可以选择较大的家具，数量也可适当增加一些（家具太少，容易造成室内的空荡荡的感觉，且增加人的寂寞感）。而空间面积较小的客厅，则应选择一些精致、轻巧的家具（家具太多太大，会使人产生一种窒息感与压迫感）。注意，数量更应根据居室面积而定，切忌盲目追求家具的件数与套数。

◀客厅采用直线条的三人沙发搭配座椅和坐凳的方式能够令空间家具更具层次感，同时不会显得拥挤。

了解客厅家具布置的过渡与呼应原则

　　家具的形色不会总是一样的，所以一定要注意个体家具之间、家具与整体环境之间的过渡与呼应。例如，沙发与茶几都是简洁的造型，彼此之间有很好的呼应；茶几上的工艺品则给视觉一个和谐的过渡，使得空间变得非常流畅、自然。

▲造型流畅的双人沙发及茶几的体量都不大，此时可以利用色彩鲜艳的抱枕相互呼应，同时丰富空间的视觉层次。

掌握客厅家具布置的对比与协调原则

　　在客厅中，家具的对比无处不在，无论是风格上的现代与传统、色彩上的冷与暖、材质上的柔软与粗糙，都能增添空间的趣味。但是过于强烈的对比会让人一直神经紧绷，协调无疑是缓冲对比的一种有效手段。做法为在整体大风格统一的基础上，运用一两件不同品类的家具来增色，切记不要过多。

▶造型感强的家具可以为家居空间制造亮点，如烘托过于平白的墙面，即可令墙面风格有所提升。

布艺织物搭配

▲纱帘与布艺窗帘的色彩相搭配，为客厅注入了一丝温情。

客厅窗帘可创造不同氛围

客厅是接待客人、家人闲聚的场所，选择客厅窗帘时，在注意层次与装饰性的同时还要考虑与主人身份的协调，使之表现出得体、大方、简洁。最好的办法是选择使用与安装非常简单的那种；如果想在室内营造浪漫的气氛，可以选用透光或半透光的风琴帘；要让窗外的美景透进来，丝柔的卷帘会是很好的选择；纱帘搭配布艺主帘更是能将客厅的唯美气息表现出来。

▲棕色的地毯沉稳大气，衬托出了沙发的素雅。

客厅地毯形状应与家居合理搭配

客厅是走动最频繁的地方，最好选择材质耐磨、颜色耐脏的地毯。同时，地毯的形状要与家居合理搭配。其中，方形长毛地毯非常适合低矮的茶几，可令现代客厅富有生气；圆形块毯可以给原本方正的客厅增添灵动之感；不规则形状的地毯比较适合放在单张椅子下面，能突出椅子本身。

沙发软装令客厅呈现出靓丽容颜

沙发作为客厅中最重要的家居，其装饰性的好坏对家居装饰效果起着至关重要的作用。客厅布艺沙发的面料以质地较厚的绒类或布类为佳，在色彩上应当注意与室内的装修风格相协调。其中，沙发抱枕可以使用颜色跳跃、图案精致的样式，令客厅呈现出更加靓丽的效果。

◀白色的沙发给人以清丽的感觉，不同花色的抱枕则丰富了客厅的视觉空间。

装饰画搭配

客厅面积大小决定装饰画的选择

应根据房子的面积和所要装扮墙面的大小选择合适尺寸的装饰画。如果画的尺寸过大，则会使得客厅的面积有缩水的感觉；反之，太小则显得空间太过空荡。客厅里面的装饰画高度一般在 50~80cm，长度应根据墙面或者是主体家具的长度而定，不宜小于主体家具的 2/3。例如，沙发长 2m 时，装饰画整体长度应该在 1.4m 左右，最好使用一组装饰画来表现。

▲书法挂画比沙发略小，令客厅的中式韵味更加浓郁。

根据客厅墙面材料选择恰当的装饰画

如果墙面贴壁纸，则中式风格选择国画，欧式风格选择油画，简欧风格选择无框油画。如果墙面大面积采用了特殊材料，则应根据材料的特性来选画，木质材料宜选花梨木、樱桃木等木制画框的油画，金属等材料就要选择有银色金属画框的抽象（或者印象）派油画。

▶中式风格的壁纸搭配淡雅的荷花图，彰显出主人修身养性的格调。

157

工艺品摆放

巧用隔断令工艺品摆放并然有序

在客厅和玄关相连的地方摆上一个造型精致而有韵味的隔断柜，会让整个房子显得更加大气而不空旷。同时各种工艺品也有了集中展示的地方，从而形成一道独特的风景，既装饰了客厅又彰显了主人独特的品位。

▲ 内嵌式的隔断柜搭配各色的工艺品，为客厅增添了一抹亮色。

▲ 色彩淡雅的瓷器并然有序地点缀其中，将家中典雅的气质渲染得淋漓尽致。

客厅摆放工艺品时要注意尺度和比例

客厅工艺品随意地填充和堆砌，会产生没有条理、没有秩序的感觉，同时令客厅显得杂乱无章。所以要注意大小、高低、疏密、色彩的搭配。具体摆设时，色彩鲜艳的工艺品宜放在深色家具上；美丽的卵石、古雅的钱币，可装在浅盆里，放置于低矮处，便于观全貌。

花卉绿植摆放

客厅绿植选择应体现吉祥的寓意

客厅是全家人经常活动的地方，也是亲朋好友聚会的地方，因此可以选择摆放一些果实类的植物或招财类植物，如富贵竹、发财树、君子兰等，代表着家中硕果累累和财运滚滚，给客厅带来热烈的气息，还可以给全家增加吉祥好运。植物高低和大小要与客厅的大小成正比，而且要摆放在让人一进客厅就能看到的位置，不可隐藏；发现脱落、发蔫、腐烂等情况时，应及时更换。

▶ 色彩娇艳的鲜花为客厅带来丝丝暖意，令空间变得生机盎然。

客厅植物要着眼于装饰美，数量不宜多，注意中、小型的搭配

大客厅的沙发旁或闲置空间可放置大、中型棕竹、苏铁、橡皮树或凤尾等观叶植物；小客厅则可选用小型植物或蔓类植物，如常青藤、鸭跖草等。此外，客厅植物应靠墙角放置，以免妨碍人们的走动。客厅植物一般以盆景为主。茶几上可放置一些小型鲜艳的盆花、梅花或植物盆景。客厅内可以通过大小、花叶的对比，来衬托出活泼的生机。

▲ 茶几上唯美的花卉为空间带来了春日的生机。

餐厅的软装布置 美观、实用

扫码看更多

软装速查

①餐厅是家居的美食空间。餐厅装饰既讲究美观，又要求实用，最重要的是要适合餐厅的氛围。若餐桌与大门成一条直线，站在门外便可以看见一家大小吃饭的情景，那绝非所宜，最好是把餐桌移开。如果确无可移之处，那便应该放置屏风或板墙作为遮挡，这样即可免除大门直冲餐桌的问题。

②餐桌椅摆放时应保证桌椅组合的周围留出超过 1m 的宽度，以免当有人坐下时，其他人无法从椅子后方通过，影响到出入或上菜的动线。

③餐厅中的布艺织物呈多元化特征，不仅包括窗帘，还拥有诸如餐桌布、椅套、地毯等独具空间特色的布艺。

家具搭配

▲大面积的白色空间，因独具韵味的座椅点缀，而活跃了观者的视线，增添了餐厅温馨的氛围。

餐厅家具色彩应明朗轻快促进食欲

餐厅家具的色彩因个人爱好和性格不同而有较大差异。但总的来说，餐厅家具色彩宜以明朗轻快的色调为主，适合使用橙色和黄色以及相同色相的姐妹色。这两种色彩都有刺激食欲的功效，它们不仅能给人带来温馨感，而且能提高进餐者的兴致。

为进餐时的临时拿取提供便捷

如果餐厅的面积够大，可以沿墙设置一个餐边柜，这样既可以帮助收纳，也方便用餐时餐盘的临时拿取。需要注意的是，餐边柜与餐桌椅之间要预留 80cm 以上的距离，在不影响餐厅功能的同时，令动线更方便。

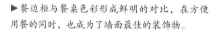
▶餐边柜与餐桌色彩形成鲜明的对比，在方便用餐的同时，也成为了墙面最佳的装饰物。

充分利用隐性空间完成餐厅收纳

如果餐厅的面积有限，没有多余空间摆放餐边柜，则可以考虑利用墙体来打造收纳柜，这样不仅充分利用了家中的隐性空间，而且可以帮助完成锅碗盆盏等物品的收纳。需要注意的是，制作墙体收纳柜时，一定要听从专业人士的建议，不要随意拆改承重墙。

▲嵌入式的餐边柜令空间看起来更为规整，同时为餐厅增加了一个很好的收纳空间。

布艺织物搭配

▲双层窗帘曼妙而华丽，平时只拉上里面的纱帘，可以令餐厅呈现出柔美的情调；晚上可全部拉上，令空间显得十分静谧。

窗帘式样和尺寸应根据餐厅面积而定

在式样方面，一般小餐厅的窗帘以比较简洁的式样为佳，以免使空间因为窗帘的繁杂而显得更为窄小；而对于大餐厅，则宜采用比较大方、气派、精致的式样。窗帘的宽度尺寸，一般以两侧比窗户各宽出 10cm 左右为宜，底部应视窗帘式样而定，短式窗帘也应长于窗台底线 20cm 左右。

▲深灰色地毯与餐厅氛围非常搭配，围合出了独具古韵的就餐空间。

餐厅地毯最好选择深色

现在，开放性厨房越来越流行，而餐厅基本上相当于客厅的一个小空间，所以配上恰当的地毯，会使餐厅一隅显得格外不同。特别是在冬季，地毯会令就餐环境更加温馨、舒适。地毯颜色的选择可以以餐厅的整体色彩为依据，一般选用深色地毯，太绚丽会影响食欲。

根据季节及家居整体色调变换桌布颜色

在色彩搭配上，桌布宜以明朗轻快的色调为主，比如橙色，这种色彩不仅能营造温馨感，且具有刺激食欲的作用，但在夏季使用时，并不能带来清凉之感。在选择桌布色调时，可根据季节及家居整体色调的实际情况巧妙搭配，如若家具颜色较深，可选择淡色桌布衬托；夏季较热时，则可选择清新的绿色以营造清凉感。

◀青色的花器和蓝色桌布非常契合，适合夏天使用，这清爽的色调将家居环境营造得自然而灵动。

灯具搭配

餐厅宜选用黄色吊灯以增强食欲

如果说餐桌椅组成了餐厅风格的雏形，那么餐厅的照明设置则可以增添整个空间的光彩，而且好的灯具搭配可营造出良好的气氛。一般来说，餐厅的灯具布置大多采用吊灯，因为光源由上而下集中打在餐桌上，会令用餐者将焦点放在餐桌食物上。此外，灯光最好使用黄色，这样会令食物看起来更加美味，从而调动用餐者的食欲。

▲散发着温暖光芒的球形吊灯为餐厅带来温馨的气氛。

餐厅吊灯高度最好选择距地面 2.2m

现在房子的整体高度都是按照标准来修建的，所以装修吊灯的高度也是相同的。在选择餐厅吊灯的时候，离地面的距离最好是 2.2m。这样的高度比较适合人们眼睛的承受能力，同时，照明的光线也是恰到好处的，不会给用餐者带来压力。

▶餐厅吊灯的高度刚刚好，就餐时既不会晃到眼睛，又不会令光线过于暗淡。

装饰画搭配

餐厅装饰画以小尺寸为宜

餐厅装饰画一般以小尺寸为主，50、60cm 即可，否则会有强烈的压抑感。当然，也要考虑餐厅的空间以及墙面高度，营造一种明朗、精美的布局效果。目前市场上装饰画的尺寸一般为画本身的尺寸，不含画框，在选择之前要事先测量好餐厅墙面的尺寸，决定要使用的装饰画的数量，以便推算出装饰画的尺寸。

▲ 自然风光的餐厅装饰画小巧而精致，如同和煦的阳光将餐厅照亮。

餐厅装饰画颜色宜简洁、柔和

餐厅所营造出来的色调会影响人们的食欲。餐厅适合选用以橙、黄、粉为主的暖色调挂画，画面色彩简洁、柔和、明亮、干净，从而凸显餐厅的清新、淡雅；不要选用红色、深绿色、深蓝色等过浓、偏暗色系的画，因为它们会影响人的就餐心情。

◄糖果色调的装饰画与餐厅的整体格调十分契合，为餐厅营造出了清新舒适的氛围。

工艺品摆放

瓷盘、壁挂塑造灵活美观的餐厅墙面

一般来讲，就餐环境的气氛要比睡眠、学习等环境轻松活泼一些，装饰时最好注意营造一种温馨祥和的气氛，以满足居者的一种聚合心理。因此，餐厅墙面的气氛既要美观，又要实用。不妨在餐厅的墙壁上挂上一些诸如瓷盘、壁挂之类的工艺品，也可以根据餐厅的具体情况灵活安排，点缀和美化就餐环境。要注意的是，工艺品摆放切忌喧宾夺主、杂乱无章。

▶独具特色的雕花瓷盘有秩序地挂在墙上，令餐厅背景墙散发出别样风情。

餐桌上的小摆件要自然耐看、不占空间

餐厅不仅是用餐的地方，更是我们享受生活的场所，几个精致的小摆件自然耐看，也不会占用太多空间，却能令空间更加生动活泼。例如，餐桌中央可摆放一个精致的水果碗，在里面摆放几种水果，即可令餐厅果香四溢，充满自然情趣。

▲餐桌上色彩绚烂的插花搭配巧夺天工的瓷器，令就餐氛围更加高雅。

卧室的软装布置 舒适、温馨

①卧室是家居中的私密空间，其软装布置着重舒适性与温馨感。卧室中应少用大型单体家具，如传统大衣柜、单门柜等大型单体家具，因为这类家具占地面积大、空间利用率低，而且会由于高度、体量过大而与其他家具不协调。最好根据空间大小定制家具，缩小占地面积，充分利用上部空间。

②卧室家具应尽量放在与门同在的那堵墙或者站在门口往里看时看不到的地方；凡是在门口看得到的柜体，高度尽量不要超过2.2m；空间布置尽量留白，即家具之间需要留出足够的空墙壁。

③小型卧室宜选用色调自然且极富想象力的条纹布做装饰，可起到延伸卧室空间的效果；浅色调的家具宜搭配淡粉色、粉绿色等雅致的碎花布料；而对于深色调的家具，墨绿、深蓝等色彩都是上乘之选。

④卧室可以运用装饰画、工艺品及花卉绿植来丰富空间表情。其中，卧室中背景墙上的装饰画往往会成为视觉重点，可以选择以花卉、人物、风景等为题材的装饰画，或让人联想丰富的抽象画、印象画等。

家具搭配

▲卧室的整体色调采用淡冷色系，简约的乳胶漆墙面与软包床头色调搭配柔和。

床头板要与卧室背景墙相呼应

床头板造型种类很多，美观中兼具安全性，可以成为整个卧室的视觉焦点。但是床头板的选择要考虑居室的整体风格，且要与卧室背景墙相协调，不可出现中式风格的床头板搭配欧式风格的背景墙的情况，令居室氛围不伦不类。

衣柜与床位要有间隔

　　衣柜与床位之间留有间隔，上下床时可以避免磕碰；床的上空不宜存在带有压迫感的物品，这样在床上休息的人才能身心愉快。因为衣柜形状高大，不宜紧贴床位摆放，最好设在床的左边，以免在卧室主人休息时形成压迫感，影响其休息质量，从而影响居住者的身心健康。

▲ 衣柜应靠左放置，且与床有一定间隔，避免对卧室主人产生压迫感。

床的摆放要注重隐私性

　　确定卧室床的摆放位置及方向时，一定要注意床头不能靠门或直对门。床头对门，可以被人一览无遗，这会让睡者没有安全感，影响休息质量。如果确实无法避免床与房门相冲，则可用屏风来隔断。

▶床的位置在卧室中间，与门有一段距离。既保证了隐私性，又可避免外面的嘈杂声音影响休息。

布艺织物搭配

▲ 半透明的纱帘极具风情，令卧室呈现出妩媚的容颜。

卧室窗帘应素雅、静谧，营造出浪漫氛围

薄而轻的纱帘是营造浪漫的绝佳选择。在白天拉开主帘之后，可配置成品帘作为副帘。副帘要求用通风、透光透气性较强的材料制作。而将日夜帘、风琴帘作为副帘也是非常好的选择，其丰富多彩的图纹花样更能增加卧室宁馨之感。

▲ 柔软光滑的绸缎床上用品与简欧风格非常契合，装点居室的同时也会令睡眠变得更加惬意。

床上用品要注重舒适度

床上用品与身体皮肤直接接触，所以在选购床上用品时，首先要检查布料的质量，而布料的真正质量在于其密度，也就是我们通常讲的支数或纱数，密度越高则布料的质量越好，这是因为布的密度越高所要求的棉花质量也就越好，手感更柔软，更有光泽。

卧室地毯注重美观度的同时，不要忽略舒适度

一般情况下，地毯都是放在卧室门口或者是床底下，大小一般以小尺寸的地毯或是脚垫最佳。这样既可以美化卧室，又具有清洁卧室的作用。在色彩的选择上，可以将卧室中主要的几种色调作为地毯颜色的构成要素。按照这样的方法进行选择，不仅简单，又保证了准确性。

◀ 棕色与米色相间的地毯与客厅的整体棕色调非常和谐，同时花朵的造型打破了房间的沉寂感。

灯具选购

卧室的灯光照明最好以温馨的黄色为基调

卧室的灯不必太亮。因为卧室本来就是用来休息的，所以灯光应该以柔和为主。选用天花板吊灯时，则必须选用有暖色光度的灯具，并配以适当的灯罩，否则将笨重的灯具悬挂在天花板上，光线投射不佳，会使室内气氛大打折扣。

▶欧式吊灯散发出淡黄色的光芒，令卧室空间更显静谧。

床头灯的光线要柔和

床头灯除了可以方便睡前阅读，还应便于起夜。人们在半夜醒来时，常常对光很敏感，在白昼看来很暗的光线，在夜里都会让人觉得光线充足，因而，床头灯的外型应以温馨、流利、简约为宜。切莫选择外型夸大、奇特的灯具，色彩也不宜过于浓烈鲜艳。

▲床头灯光线柔和、造型精美，既装点了卧室又有实用功能，可谓是一举两得。

装饰画搭配

卧室装饰画的色调要和谐

卧室是休息的场所，装饰画类的配饰往往成为卧室的视觉重点，因此图片的色调不能太单一，还要和卧室的整体颜色相互搭配。装饰画的内容应该简洁，且能体现出装饰画的趣味，色彩艳丽的油画或者水彩画都比较适合挂在卧室。对于老式风格的家居，可以选择一些具有民族风貌或者历史代表意义的图片。整体上要求达到和谐的效果。

▲金色边框的组合装饰画丰富了居室的表情，同时又与整个风格极为搭调，令空间独具异域风情。

卧室装饰画的数量不宜过多

卧室内装饰画不在多，只要摆放到位，就能起到画龙点睛的作用，过多反而会让人眼花缭乱，影响卧室的和谐氛围。一般可在卧室靠床的墙面挂装饰画，还可以在床的对面和侧面墙壁上根据空间情况挂一到两幅装饰画。

◀梅花图案的装饰画为空间增添了热闹气氛，令空间如春天般充满朝气。

工艺品摆放

卧室应摆放柔软、体量小的工艺品

卧室中最好摆放柔软、体量小的工艺品作为装饰；不适合在墙面上悬挂鹿头、牛头等兽类装饰，容易给半夜醒来的居住者带来惊吓；另外，卧室中也不适合摆放刀剑等利器装饰物，如位置摆放不宜，会带来一定的安全隐患。

▶小巧而精致的工艺品摆件装点了空间，令卧室更加丰富多彩。

卧室中的镜子不能正对床

镜子能扩大人的视觉范围，同时能帮助审视仪容穿着，所以一般卧室都会摆放几面镜子。但是镜子不能放在床头正对面，因为人在睡觉时，是最放松、最没有戒心的时候，若将镜子恰好放在床头正对面，半夜起来的人很容易被镜中的影象所吓到。

▲镜子与床并列摆放，非常方便使用。

扫码看更多

书房的软装布置 简洁、宁静

软装速查

①书房是用来学习、阅读以及办公的地方，家具布置要求简洁、明净。书房常用的家具有书桌、椅子、书柜、角几、单人沙发。与客厅等空间不同的是，书房是具有一定学术性的，因此，家具适宜整套选购，不宜过于杂乱和休闲。

②可根据心理需求选择家具，深色的办公用具可以保证学习、工作时的心态沉静稳定；而色彩鲜艳、造型别致的办公用具，对于激发灵感十分有益。

③书房应是一个文化气息浓郁的地方，当家具在室内显得过于沉重时，搭配色彩淡雅的抱枕、桌巾、窗帘，则可柔化整个环境，让空间展现宁静氛围。

④书房应有助于集中注意力，所以不应摆放过多的饰品，以免分散注意力、扰乱情绪。装饰的盆景不应选用大盆的鲜花，应以矮小、常绿的观叶类植物为主。

家具搭配

书桌摆放位置要充分利用自然光源

书房作为学习看书的地方，对光源要求十分严格，为了充分利用自然光源，方便学习和看书而不影响眼睛的健康，建议将书桌和经常在看书时坐的椅子放置在靠近窗户的位置。具体来说，当你坐在书桌前时，自然光源应该是从你的左边或是正前面来的，要尽量避免右边光源和逆向光源。

◀书桌靠窗放置，光线极佳，令读书者眼睛不易疲劳。

布艺织物搭配

书房地毯要选择亮度低、彩度高的样式

书房环境和家具颜色使用冷色调者居多，因为这有助于人的心境平稳、气血通畅。由于书房是长时间使用的场所，应避免强烈刺激，宜多用明亮的无彩色或灰棕色等中性颜色。为了得到一个统一的情调，一般地面颜色较深，地毯也应选择一些亮度较低、彩度较高的样式。

▶墨绿色花纹的地毯为书房带来雅致、拙朴的格调。

书房窗帘以清新自然为好

书房是一个环境幽雅而安静的场所，因此书房窗帘在颜色上不能过于花哨，否则容易使人分心，在学习工作中注意力不集中，导致工作学习效率降低。此外，色彩太过艳丽的窗帘还会给人眼花缭乱的感觉。自然清新的书房窗帘符合书房安静的学习氛围，能够让人快速地进入创作状态。

▲米色的布艺窗帘优雅而不张扬，令中式书房更加清雅。

灯具选购

书房灯不宜过亮，以光线柔和为宜

由于书房是读书的场所，如果灯饰过亮或者过于刺眼反倒不利于读书者集中注意力与产生舒适感，进而使读书者感到烦躁、不静心，在读书时会起到事倍功半的反效果。因此，建议在书房灯的选择上不要过于追求亮度，而是应该以灯光柔和为宜，这样可以促进读书的效率，同时也能够使读书者以一种平静安逸的心态汲取知识、扩展自身。

▶颇具欧式感的小吊灯光线柔和，为读书者营造出一个良好的读书氛围。

书房灯不宜过大，以大小适中为宜

选择书房灯饰的第一条原则就是灯不宜过大。一般情况下，家庭的书房面积均较适中，如果搭配上与书房面积不相适应的超大灯饰，容易使读书者产生压迫感，不利于读书者的思考与分析，因此，书房选择的灯饰要与书房面积相适应，不要为了突显"富丽堂皇"而选大型灯饰。只有大小适中的书房灯才会使读书者以一种轻松悠闲的心情读书或者进行研究分析。

▲造型别致的吊灯大小适宜，与书房的整体风格极为契合。

装饰画搭配

书房装饰画搭配要注意把握好"静"和"境"两个字

　　书房装饰画主题内容的动感度应较低，同时在色调的选择上也要在柔的基础上偏向冷色系，以营造出"静"的氛围。配画构图应有强烈的层次感和远延拉伸感，这在增大书房空间感的同时，也有助于读书者缓解眼部疲劳；在题材内容的选取上，除了协调性、艺术性外，还要偏向具有浓厚历史文化背景的主题，以达到"境"的提升。

▶淡绿色的装饰画点亮了空间，同时可舒缓读书者的眼部疲劳，可谓是一举两得。

工艺品摆放

书房工艺品的摆放最好体现出文化气息

　　书房中的工艺品应体现端丽、清雅的文化气质和风格。其中，文房四宝和古玩能够很好地凸显书房韵味，这样的装饰品，蕴含着深厚的中国文化，同时也可表明主人对精致生活的追求和向往。在略显现代的书房中，可以加入抽象工艺品，来匹配书房的雅致风格。

▲富有韵味的玻璃、金属制品令空间更显精致。

书房小件工艺品颜色可适当丰富一些

　　一般书房的大件装饰，如书柜、地毯等的色彩应尽量避免使用高度暖色调，因为这样会使书房颜色太过，从而破坏读书氛围。当然，为了避免空间的单调和呆板，在大面积沉稳色调为主的色彩运用中，较小工艺品的色彩可鲜艳、丰富一些，这样可以起到"点睛"的作用。

▲工艺品和花卉充分调动空间表情，生动而不过于抢眼。

厨房的软装布置 整洁、干净

①厨房的功能决定了它是居家环境中最易出现"脏、乱、差"的地方。如何让厨房变得美观整洁，是厨房设计中除功能便捷以外的另一个重要目的。要充分利用空间，利用台柜、吊柜等，给锅、碗、瓢、盆找一个相对妥善的收放空间。

②厨房中的所有物品，包括餐具、锅炊具以及电器，最好全部放置于橱柜之中，使厨房整齐划一。冰箱放置在离门口最近的高柜中，采购的食品可以不进厨房而直接放入冰箱，而在做饭时，第一个流程即为从冰箱中拿取食品。

③厨房油烟太多，很容易污染布艺织物。选购这些特殊场合（如厨房）里的布艺织物有一定的局限性，即它必须具有隔油、防水、易清洗的功能。

家具搭配

厨房柜门开启要方便

为了取用方便，最常用的物品应该放在高度为 70~185cm 之间的区域，这段区域被称为舒适存储区。吊柜距地面的最佳高度为 145cm。有些人为了追求橱柜在形式上的规整或降低成本，吊柜、底柜都采用对开门的形式，这会给使用者带来诸多不便。例如，吊柜门在侧开时，如果操作者要拿取旁边操作区的物品，稍不留意，头部就会撞到吊柜门。

◀厨房规划合理而有序，底柜采用斗柜形式，拿取东西非常方便。

布艺织物搭配

厨房窗帘材质要隔油防水、易清洗

挑选厨房窗帘时，材料特性应该放在首位，因为这里煎炒烹炸油烟大，所以窗帘必须具有良好的隔油防水及易清洗的功能。镁铝合金百叶帘便于清洗、不易变色发霉的特性使之成为了厨房窗帘的上佳选择。简洁、耐脏的卷帘也适合用在厨房中。如果喜欢传统的布帘，最好挑选容易洗涤且经得起蒸汽、油脂污染的面料。

▶淡蓝色的防水布艺窗帘与厨房十分搭配，既简洁美观，又方便清洁。

厨房地毯要防滑、防水

厨房中地毯不用全面积铺贴，只看重其在装饰性和功能性方面的作用。所以，选择放在厨房中的地毯首先应该满足防滑的要求，同时吸水要好。最好选择底部采用防滑颗粒的材质，这样不仅能够防滑，还能很好地保护地毯，避免地毯与瓷砖相互磨损，影响地毯的整体美观。

▲防水型地毯不仅美观时尚，而且脚感舒适，非常适合厨房使用。

灯具选购

厨房灯具应造型简洁，具有防潮功能

由于厨房内的潮气较重，所以必须选择有防潮功能的灯具，这样不会使灯具因潮气入侵而发生破裂现象，避免了厨房内的安全隐患。开关要购买内部是铜质的产品，密封性能好，且具有防潮、防锈效果。此外，灯具造型应尽可能简洁，以便于经常擦拭。

◀格栅灯嵌装于天花板内部，干净卫生，而且容易拆卸和清洁，放在厨房非常合适。

厨房除主灯外，还要添加辅助灯具

厨房涉及做饭过程中很多繁杂有一定危险度的工作，所以可以采用主灯和辅助灯具结合的方式来保证照明充足：用功率较大的吸顶灯来保证总体上的亮度，然后再按照厨房家具和灶台选择局部照明用的壁灯和照顾工作面照明的、高低可调的吊灯。

◀橱柜内部添加照明灯具，令顶柜处的光线不再昏暗。

花卉绿植布置

厨房可摆放净化空气、吸附油烟的植物

油烟除了包括一氧化碳、二氧化碳和颗粒物外，还有丙烯醛、环芳烃等有机物质。而在厨房中摆放几盆绿色植物，能够在一定程度上吸附油烟，减少其对人体的危害。如兰花、桂花、蜡梅、花叶芋、红背桂等都是天然的除尘器，其纤毛能截留并吸附空气中的飘浮微粒及烟尘。

▶厨房中随意摆放的插花为居室带来了大自然的气息，同时也净化了空气。

富有色彩变化的普通植物更适合厨房

厨房里到处都是散发高热的炉子、烤箱、冰箱等家电用品，容易导致植物干燥，因此在厨房里摆些普通而富有色彩变化的植物，要比摆放娇柔又昂贵的植物来得实际。如秋海棠、凤仙花、绿萝、吊竹草、百合花及球根花卉，这些植物虽然很常见，但是若用较特殊的套盆装点一番，看起来就会很不一样。

▲厨房中摆放一盆色彩清丽的插花，既方便成活，又令人神清气爽。

卫浴的软装布置 / 安全、方便

软装速查

　　①卫浴间的软装搭配基本上以方便、安全、易于清洗及美观得体为主。由于卫浴间是家里用水最多的地方，因此其使用的材料的防潮性非常关键。

　　②卫浴间灯具应注意防水性，因为卫浴间湿气和潮气都比较大，如果不防水很容易发生危险。另外，人体能够触及的灯具，要切记避免尖锐边角的出现。发热量巨大的裸露灯泡最好不要选，因为人在浴室中活动时衣物普遍穿得较少，要避免烫伤的风险。

　　③浴室镜以椭圆形、正方形、圆形这几种为主。一般来说，椭圆形、圆形比较适合欧式风格、地中海风格等比较浪漫的卫浴环境；正方形则较为适合含蓄的、美式、中式等较为大方典正的浴室氛围，配合不同的边框材料可以营造出或复古或现代或简约的意味。

洁具搭配

卫浴洁具要有配套意识

　　卫浴洁具主要包括坐便器、洗面器、洗涤槽、墩布池、手纸盒、皂盒等。目前市场上卫浴洁具品牌很多，颜色各异，质量档次差异较大。选购卫浴洁具时首先应有配套意识，先确定自己预期想要达到的标准，然后尽量使套件里的每个部件或配件都处在同一色系，这样得到的最终效果才会好。

◀卫浴洁具都选择了黑白的基调，给人一种干净、整洁的感觉。

卫浴间坐便器摆放要隐藏

坐便器不宜正对卫浴间的门，很不雅观。因此，坐便器的方向以和卫浴间的门垂直或错开为佳。卫浴间如果较大，可将坐便器安装在从门口处望不到的位置，或者是放在屏风和护帘之后，从而保证个人的隐私性。不过，在一般的居室中，卫浴间的排污口已经定位，不易改动，如果要改变坐便器的朝向，就一定要注意排污管的坡度，以免堵塞。

▲ 坐便器位于卫浴间最里面，给人一种安全、隐藏感。

布艺织物搭配

卫浴地毯最好选择暖色系

如果要在卫浴间的地面上铺设地毯，首先应保证卫浴间干湿分离，否则地毯整日都被水所"淹没"或"浸染"，将形同虚设。在地毯的色调上，最好选用暖色系，如粉红色、火红色、橙红色等，在视觉上让冰冷的卫浴空间温暖起来，而忌用蓝色、绿色等冷色调。

▲ 红色的马赛克腰线搭配红色的地毯，给冰冷的卫浴空间带来一丝暖意。

卫浴窗帘宜安装百叶帘

卫浴间是一个比较私密的场所，因此卫浴间安装窗帘很有必要。但是不是所有的窗帘都适合安装在卫浴间，它对私密性、通气性、防水性、易洁性等有较高的要求。塑料、铝制百叶帘是不错的选择——百叶帘本身就具有很好的通风透气性，叶片关上后能起到很好的遮挡作用。

▲ 百叶帘通风透气，方便擦洗，非常适合卫浴间的潮湿环境。

灯具选购

根据卫浴面积挑选合适的灯具

小面积卫浴间应把灯具安装在天花板正中央，这样可光芒四射，给空间以扩大感；大面积浴室可安装局部照明灯具，来进行局部照明。可在浴盆和洗脸盆上方安装下照灯，并在镜子周围安装化妆灯，从而营造出高雅和温馨的氛围。浴室镜子的照明灯具应安装在眼睛之上的位置，且左右对称布置。

◀以内嵌式灯具作为主光源，为卫浴间带来明亮的效果，同时壁灯也在细节处进行着辅助照明。

工艺品摆放

陶瓷、塑料材质的装饰品在卫浴中备受欢迎

陶瓷、塑料是卫浴空间里最受欢迎的材料，色彩艳丽且不容易受到潮湿空气的影响，清洁方便。使用同一色系的陶瓷、塑料器皿，包括纸巾盒、肥皂盒、废物盒以及装杂物的小托盘，会让空间更有整体感。在不同风格的卫浴空间搭配不同的色彩，也是一种潮流。

◀洗手台上的陶瓷花器，在细节处体现出了主人的高雅品位。

花卉绿植布置

喜阴植物与卫生间最为搭配

卫生间是较为潮湿的地方，容易滋生许多细菌。因此，摆放一些具有吸潮、杀菌功能的植物，如蕨类、垂榕、黄金葛等喜阴植物，不仅可以增添情趣，还可以起到吸纳污秽之气的作用。但是，一定要选择好植物的摆放位置，尽量避免肥皂或者香皂泡沫飞溅进去，对植物造成伤害。

▶绿萝喜阴、吸潮，非常适合在浴池边摆放，同时也为沐浴空间增添了一抹亮色。

卫浴间可摆放一些除臭植物

卫浴间是室内异味的来源，而具有吸附性的植物可缓解这一尴尬处境。例如，艾草的叶子可以吸附空间的异味，而且艾草还具有提神的作用；薄荷，因其喜光，只能放在卫浴间的窗户边，但是它的杀菌和消毒作用非常好，而且气味浓烈，可以压倒厕所的臭气，也是提神的必备植物。

▲卫浴间生机盎然的插花，不仅美化了环境，同时也净化了空气。

第五章

软装与居住人群

软装饰是赋予空间文化内涵和品位的过程，

因此，不同阶段的人群需要不同的软装搭配。

在进行软装设计时，

结合居住者的性别和年龄特征，

从整体上进行综合策划，

能够使家居空间更贴近户主的需求。

单身男性的软装搭配 理性、厚重

软装速查

①单身男性的家具通常可以选用粗犷的木质家具，同时具有收纳功能的家具的操作要方便、直接，这样能帮助单身男性更好地收纳物品和整理空间。

②单身男性软装的代表色彩通常是具有厚重感的色彩或者冷峻的色彩。冷峻的色彩以冷色系以及黑、灰等无色系色彩为主，这种色彩能够表现出男性的力量感。以明度和纯度低的暗色调为配色主体可以体现厚重感。

③单身男性的家居饰品以雕塑、金属装饰品、抽象画为主，可以在体现理性主义的同时，帮助塑造出具有力量感的空间氛围。

④家居装饰的形状图案以几何造型、简练的直线条为主。空间最好保持简洁、顺畅的格局，同时以少而精的装饰元素为主。

软装家具

扫码看更多

造型简单、具有质感的家具

单身男士的家具造型简单，可以令他们从简单中获得轻松感；而棱角分明的家具造型加上稳重的色彩组合，可以显示他们的与众不同。例如，沙发可以选择黑色皮质或是灰色布纹材质，从简单中体现个性。

◀金属质感的饰品和硬朗的家具外形相得益彰，展现出了男性刚毅的一面。

软装色彩

冷色系

以冷色系为主的配色，能够展现出理智、冷静、高效的男性气质，但是不建议单独使用，而应该搭配其他点缀色使用。例如，加入白色具有明快、清爽感，加入暖色则具有活泼感。

无色系

无色系组合能够展现出具有时尚感的男性气质。若以白色为主搭配黑色和灰色，强烈的明暗对比能体现严谨、坚实感；而采用深浅不同的灰色调则能彰显绅士风度。

暗或浊色调

此种配色包含两种类型，即暗或浊色调的暖色及中性色，如将其作为主色能够展现具有厚重感、坚实感的男性气质，如深茶色、棕色、深绿色、灰绿色等；若少量点缀蓝色、灰色，则具有考究感。

对比色

具有男性特点的空间并不一定是压抑和沉闷的，以紫色、红色、蓝色、深红色、深灰色等沉稳的色调搭配而成的低调对比色，加以无色系的调节，会令空间显得绅士。

软装饰品

酷雅的软装饰品

当今男性的家居潮流以酷雅为主线。软装饰品则以雕塑、金属装饰品、抽象画为主，重在体现理性主义。同时，材质硬朗、造型个性的产品更能彰显男性的魅力，如不锈钢相框、轮胎造型挂钟、几何线条的落地灯、铁丝衣帽架、水晶烟缸等。

◀黑色烤漆玻璃的床头柜上摆放着透明的台灯，令空间呈现出低调的雅致感。

▲ 不锈钢和玻璃饰品通过淡淡的灯光闪耀着无限光芒，营造出男性卧室的阳刚气质。

软装图案

经典的格子图案

　　将经典的格子图案融入布艺织物中，可令空间拥有一种独特的英伦气息，在体现庄重典雅的同时带出一丝时尚元素，彰显男性的品位。搭配冷色调的配饰，如金属饰品、玻璃饰品，可以令整体家居软装搭配不至于太突兀。

▶蓝色的格子沙发令空间拥有一种绅士的味道。

几何造型图案

　　方形、圆形，这些简单的几何图案变幻莫测，把这些图案应用到男性居住空间中，酷感十足，能够让人眼前一亮。以纯色打底，让几何形状的座椅、书架、墙饰，甚至是地毯、靠包等，都变得鲜活动感起来，也让空间显得更有立体感，充分展现了男性的个性和活力。

▶造型别致的几何书桌与黑色的书架相辅相成，令读书的氛围更加舒适。

单身女性的软装搭配 唯美、知性

软装速查

①单身女性以碎花布艺家具、实木家具、手绘家具等具有艺术化特征的家具为主；梳妆台、公主床等带有女性色彩的家具更能表现女性特有的柔美。

②女性给人的印象是温暖、娇美的，通常以粉色、红色、黄色等淡雅的暖色为配色的主要部分。以粉色搭配淡黄、黄绿等高明度的色彩，能够展现出甜美、浪漫的感觉；加入白色或者少量冷色，会产生梦幻感；若想体现优雅、高贵的女性色彩印象，则可以采用比高明度的淡色略暗一些的暖色。

③家居饰品有花卉绿植、花器等与花草有关的装饰，带有蕾丝和流苏边等能体现女性清新、可爱的装饰，以及晶莹剔透的水晶饰品等能表现女人的精致的装饰。

④形状图案以花草图案为最常见。花边、曲线、弧线等圆润的线条更能表现女性的甜美。同时单身女性的软装以温馨、浪漫的基调为主，设计软装时要注重营造空间的系列化，以及色彩和元素的搭配。

软装家具

扫码看更多

碎花布艺家具

碎花纹理是百年不变的潮流，能令人感觉到清新、甜美。碎花布艺家具自然柔美而不张扬，透露着清净典雅的气息，并带着瑰丽浪漫的情趣，可使单身女性的居住氛围展现出温润贵气的细致质感。

◀蓝色的碎花座椅搭配紫色的沙发，令客厅展现出了女性的柔美。

实木家具

实木材料是会呼吸的材料，对人有着天然的亲和力。其中，樱桃木、枫木等颜色淡雅的实木具有精致的木纹，更加符合女性的审美观念。年纪稍大点的女性，可以选择雍容华贵的樱桃木，配上羊毛地毯或者坐垫，在卧室里则搭配相应的床垫，就像贵妇人的打扮一样；对于年轻一代追求时尚的女性，则可以选择简约风格的浅色枫木家具。

▲淡雅的实木床带着天然的纹理与色泽，令卧室充满自然的生机。

造型奇异的家具

有人说，很多女人就像长不大的孩子，因为在她们的心里，像孩子就代表着被宠爱。于是，矮体家具、卡通家具、造型奇异且可随意变换形态的软体家具，以及可折叠并容易移动的家具，都对这种类型的女子有着相当的吸引力。

▶棉麻的地毯搭配低矮的皮革茶几别有一番情调，抽象油画和大花抱枕前后呼应，营造出属于女性的柔美空间。

软装色彩

暖色系

　　色环中红、橙一边的色相称暖色。以淡雅的粉色、红色、黄色等暖色为主色，加入白色可使配色之间形成弱对比，且色调过渡平稳，能够展现女性的温柔感。

类比色

　　相邻的颜色称为类比色。以高明度或高纯度的红色、粉色、紫色、黄色为主色，点缀明度和纯度高一些的类比色，能够塑造甜美的氛围。

淡浊色

　　在纯色中加灰，就变成了浊色。以高明度的淡浊色，如粉色、黄色、紫色等为主色，且使配色明度保持过渡平稳，避免强烈反差，便能够表现出优雅、高贵的感觉。

冲突色

　　以明度较高或淡雅的暖色、紫色加入白色，搭配恰当比例的蓝色、绿色，能够塑造出具有梦幻感和浪漫感的女性特有氛围。

软装饰品

时尚的珠帘 / 线帘

千丝万缕的珠帘浪漫感十足，各色的线帘温柔多姿，比起布帘要高贵大气许多。特别是被风吹起来时会发生如风铃般悦耳声音的贝壳珠帘，更是女性家居设计中不可缺少的装饰品。

▶枚红色与绿色相间的珠帘塑造出了温馨的空间美，粉色的大花床品则充溢着女性的精致和柔美。

水晶饰品

水晶给人清凉、干净、纯洁的感觉。女人用水晶衬托美貌，水晶用女人展现璀璨。在家居软装布置中，璀璨夺目的水晶工艺品，以其独有的时尚与高雅表达着特殊的激情和艺术品位，深受女性喜爱。一件精致的水晶工艺品常常蕴涵着许多奇思妙想，也代表着复杂的手工工艺。天然水晶更能给女人带来好运。

▲晶莹剔透的水晶灯是空间的点睛之笔，搭配简洁的布艺沙发，令空间呈现出特有的唯美气质。

蕾丝和流苏饰品

　　蕾丝和流苏，永远是象征可爱的时尚元素，是永恒的经典，既显得华贵又不失可爱。家中摆放一些蕾丝边的台灯、纸巾盒和穿着蕾丝裙的布艺玩偶，可以表现出小女孩童心未泯的情调。

◀唯美的铁艺家具与蕾丝花边的床品搭配，展现出了女性的可爱与俏皮。

▲流苏的床品结合蓝色的实木床，令空间展现出了童话般的梦幻感。

软装图案

花形图案

　　女人如花，花似梦。从某种意义上讲，花形图案代表了一种女人味，精致迷人。花形家具在表达感情上似乎来得更直接，也更迷人。应用于家具中的花形主要包括木质雕刻花形，金属浇铸花形以及布艺塑造花形等。而花形的布艺沙发一般造型比较小，常用作单人沙发，很适合在房间的一角摆设，富有情趣。

▲卧室镜子精致小巧，如同一朵盛开的鲜花，令卧室洋溢出春天般的温暖。

▲花朵造型的软包床头温暖舒适，恰到好处地表现出了女性的时尚气息。

新婚夫妇的软装搭配 甜蜜、浪漫

软装速查

①新婚夫妇适用双人沙发、双人摇椅等两人共用的家具，以及象征团圆的圆弧形家具、储物功能强大的组合家具等。

②家居色彩的典型配色为红色等暖色系为主的搭配；个性化配色是将红色作为点缀，或完全脱离红色，采用黄、绿或蓝、白的清新组合搭配。

③家居饰品通常有成双成对出现的装饰品，带有两人共同记忆的纪念品，婚纱照、照片墙等墙面装饰，以及珠线帘、纱帘等浪漫、飘渺的隔断。玻璃、水晶等材质制成的通透明亮的饰品同样适合新婚夫妇。

④形状图案通常以心形、玫瑰花、"LOVE"字样等具有浪漫基调的形状为主。此外，新婚夫妇的家居布置应遵循"喜结连理""百年好合"的理念。

软装家具

组合式家具

新婚夫妇的住房，面积一般不会太大，有时一间房往往兼具卧室、客厅、餐厅、书房等多种功能，因此在购置家具时，宜遵循少而精的原则，可配置线条明快、造型整洁的折叠式家具和组合式家具。充分利用每一寸空间，就等于增加了房间的有效使用面积，使房间平添清新活力。

◀组合柜依据墙体而设，最大限度地利用了空间，为居住者带来了便捷。

圆弧形家具

　　方方正正的家具容易令人感到规矩和刻板，尤其是在新婚房间中，过于方正的家具会显得空间没有层次感，影响视觉效果。而带有圆弧边缘的家具则柔化了线条，能够提升家中的整体装饰之感，让人觉得时尚大方。此外，圆弧形家具不仅象征着夫妻间的圆满生活，也令空间尽显浪漫的情调。

▶圆润线条的坐椅与平开窗、花鸟鱼虫装饰品的组合，充分体现了新婚夫妇的安逸幸福生活。

▲圆形小茶几代表着团圆与喜庆，与红色的家具相搭配，为空间奠定了清新的基调。

软装色彩

红色

　　红色是一种图腾，代表着传统、红火和喜悦，它以慷慨奔放的姿态示人，总是让人充满向往。从客厅到卧室再到餐厅，让红色成为冬日里家的恋人，让它们在家里或大或小地撒一把野，热闹一番，让暖暖的爱意洒满全屋。

TIPS：
红色不宜成为主色调

　　在家居中使用红色可以让整个家庭氛围变得温暖，中国人也总认为红色是吉祥色，但居室内红色过多会让眼睛负担过重，产生头晕目眩的感觉。即使是新婚，也不能长时间让房间处于红色的主色调下。建议选择在软装饰上使用红色，如窗帘、床品、靠包等，同时用淡淡的米色或清新的白色搭配，可以使人神清气爽，更能突出红色的喜庆气氛。

红色 + 黄色

　　红色的喜庆与热情、黄色的雍容和活跃，对于婚房来说非常应景。整个居室以黄色为主要基调，再配以红色的灯饰等配件，这样营造出的浪漫和温馨的气氛，可以衬托出新婚的喜庆与激情。

蓝色 + 黄色

　　淡黄色与淡蓝色的搭配可以营造出一种安全、私密的"居家感"。需要注意的是，使用这种配色方案时一定要注意避免轻佻感的产生，最好通过色彩的深浅变化来创造一个既清新活泼，又不失安全稳定的色彩搭配。

粉色

　　粉色与爱情和浪漫有关，因此十分适合用作婚房的色彩。粉色有很多不同的分支和色调，从淡粉色到橙粉红色，再到深粉色等，均可体现出女性细腻而温情的个性。

蓝色 + 橙色

　　以蓝色与橙色为主的色彩搭配，可以碰撞出兼具超现实与复古风味的视觉感受。这两种色系原本属于强烈的对比色系，能给予空间一种新的生命气息。这样的婚房色彩搭配非常具有时代感。

蓝色 + 黄色 + 白色

　　蓝色、黄色、白色是地中海风格的主打色调，这些来自于大自然的淳朴色调，能给人一种阳光自然的感觉。这样不但可以避免大面积白色带给人的空洞感，还可以烘托出婚房装修的时尚感。

软装饰品

相框 + 照片

在房间挂的结婚照是婚房中必不可少的装饰。婚纱照既可以挂置在客厅、卧室中，也可以挂置在餐厅中。如今照片墙已成为年轻人追捧的室内装饰品，不仅造型多变，而且花费低廉。在新婚房中可以制作一组心形照片墙，小夫妻儿时的照片、谈恋爱时的合影都可以作为照片的内容，以此见证男女主人的成长历程。

▲粉色是烂漫的色彩，与甜蜜的婚纱照和可爱的布艺玩偶交相呼应，共同为卧室营造出烂漫、温馨的氛围。

成双成对的婚庆摆件

在婚房中增添一些喜庆的、成双成对的婚庆摆件，是提升空间幸福感的简单而有效的做法。如果愿意花点心思，在沙发、浴室、卧室的角落加入更多元素，便可营造一个浪漫的环境。

◀成对的婚庆摆件鲜艳夺目，可以让人体会到新人的幸福与甜蜜。

软装图案

具有浪漫基调的形状图案

对于即将步入婚姻殿堂的新人来说，婚房是他们的"爱巢"，也是他们对爱的延伸。它承载着年轻夫妻双方的爱，是每一对夫妻心灵安定之处。因此，婚房室内通常装饰心形、唇形、玫瑰花、"LOVE"字样等具有浪漫基调的形状图案以彰显爱情的甜蜜。

▲大红色床品奠定了空间喜庆的基调，浪漫的圆形和波点形令空间柔和、甜蜜。

儿童房的软装搭配 天真、童趣

软装速查

①儿童房家具应使用无甲醛、无污染的环保产品，如实木、大品牌的板式家具、布艺家具等；家具要符合孩子所处的年龄段特征，如女孩一般喜欢公主床，男孩喜欢个性家具等。此外，家具边缘应圆滑、无尖角。

②女孩房以温柔、淡雅的色调为主，如淡色调的肤色、紫色、粉红色、黄色等；男孩房则以炫酷的色彩来搭配，如蓝色、绿色、黑白灰等。

③女孩房饰品以洋娃娃等布绒玩具和带有蕾丝的饰品为主；男孩房则以变形金刚、汽车、足球等玩具为主。

④女孩房的形状图案可以用七色花、麋鹿等具有梦幻色彩的图案，以及花仙子、美少女等简笔画；男孩房则以卡通或者涂鸦形式的几何图形等线条平直的图案为主。

软装家具

公主床

每个小女孩都有一个公主梦，在美丽可爱的欧式公主床上面睡个甜甜的觉，就好像进入一场甜美梦幻的旅行一般，充满了乐趣。精心为宝贝购买一款设计合理的公主床，可以让孩子的生命绽放得更加美丽。这种床大多都设计成宝宝喜欢的粉色、紫色、浅蓝色等。

◀精致的公主床与水晶灯、糖果色彩一起打造出了属于女孩自己的城堡。

个性的多功能家具

男孩大多活泼好动，好奇心强，喜欢酷酷的感觉，所以大多喜欢坦克、飞机、汽车等物品。因此，男孩房适合选择一些个性突出的多功能家具来彰显个性，这些家具少了许多可爱的元素，多了一些实用的气息。

▶ 个性的多功能家具搭配蓝色和棕色，令卧室空间更具层次感。

▲ 个性的床和床头柜带有后现代气息，令男孩房更具酷感。

软装色彩

粉色 + 绿色

　　高纯度的粉色和绿色是童话中经常出现的色彩，既充满活力又极具梦幻效果，非常适合女孩使用。搭配白色和黑色作为辅色，又可以为空间增添一些时尚气息。

粉色 + 紫色

　　粉色和紫色都属于女性色彩。以淡雅的粉色、紫色结合白色，或者搭配类似色调或高纯度绿色或黄色，可以表现出小女孩的梦幻气息。

无色系

　　正值青春期的大男孩不喜欢太花哨的色彩，可以采用以黑白灰为主色调的搭配方式，同时使用红色、绿色或是蓝色等作为跳色，以表现出大男孩的时尚感。

绿色 + 白色

　　以绿色为主色系，搭配白色为辅色，能够营造出清爽、舒适的感觉，同时色彩柔和，没有过大的刺激性，对保护视力很有好处，非常适合年龄较小的男孩使用。同时，这种色彩搭配可以给他们提供无限的想象空间。

软装饰品

汽车 / 足球 / 篮球类玩具

　　男孩子们都比较活泼好动，对于新鲜的事物充满了好奇心，所以多倾向于汽车、足球、吉他等炫酷的玩具。这类玩具可以很好地锻炼男孩的小肌肉群及机体协调能力。

▲篮球形的台灯与各类棒球图案显示出了居室小主人的活力气息。

▲足球作为卧室的装饰品，增添空间活力。

布偶玩具

　　布偶是可爱童年的象征，得到了许多人的青睐。它是女孩可以倾听烦恼的亲密伙伴。由于布偶玩具特有的可爱表情和温暖的触感，能够带给孩子无限乐趣和安全感，因此一些色彩艳丽、憨态可掬的布偶玩具经常出现在女孩房中。

▲布偶玩具搭配带有纱幔的铁艺床，能将女孩的童真与浪漫体现得淋漓尽致。

老人房的软装搭配 宁静、温和

软装速查

①老人一般不喜欢过于艳丽、跳跃的色调和过于个性的家具。一般来说，样式低矮、方便取放物品的家具和古朴、厚重的中式家具是首选。

②老人房宜选用温暖的色彩，使整体色调表现出宁静祥和的意境。老人房常用的色彩有咖啡色、红棕色、灰蓝色等浊色调，同时也会使用一些具有对比感的互补色来添加生气。

③带有旺盛生命力的绿植、茶案、花鸟鱼虫挂画、瓷器等均可令老人房更具情调。

④老人房空间要流畅，家具应尽量靠墙而立，同时还要注重细节，门把手、抽屉把手等应该采用圆弧形设计。

软装家具

造型古朴的藤制家具

老人通常历经沧桑，喜欢回忆以前的经历，喜欢具有安稳感的氛围和空间，也喜欢具有温暖触感的家具材质，因此造型古朴的藤制家具较适合老人房使用。这种类型的家具同样会令空间更具自然气息。

▲藤制座椅带有自然的气息，与蓝色的瓷碗形成了鲜明的对比。这种粗与细的材质交融，令空间更显品质。

软装色彩

浅暖色

将浅暖色（如米色、浅米黄色、米白色等）的，淡雅、温馨的色调用做老人房的软装主色时，可以让人精神放松，并产生舒适感。同时可搭配亮色系装饰品，令空间不至过于平淡。

棕红色 + 浅蓝灰色

棕红色具有厚重感和沧桑感，能够更好地表现老年人的阅历。为了避免过于沉闷，可以加入浅灰蓝色以弱化对比色，令空间彰显出宁静优雅之感。

中性色

在老人房中使用绿色或紫色时，色调宜浊一些，紫色的使用面积不宜过大（可以用作布艺织物点缀色），绿色则可以大面积使用，令空间更具自然气息。

色相对比

恰当地使用色相对比，能够使老人房的气氛活跃一点，增加一些生机感。要注意的是，对比感要柔和，应避免使用纯色而造成刺激。

软装饰品

花鸟鱼虫挂画

老年人喜爱宁静安逸的居室环境，追求修身养性的生活意境，因此房中摆放恬静淡雅的淡绿色花鸟图，与老年人悠闲自得的性情非常契合。

▶果绿色的挂画与棕色硬包形成鲜明对比，令空间更有韵味。

茶案传递雅致生活

在客厅中摆上一个茶案，无论是闲暇时光的独自品茗，还是三五老友之间的品茶论道，无不传递着老年人雅致的生活态度。

▲有巧夺天工的茶具衬托的居室空间，更显典雅宁静。